PCR – Polymerase-Kettenreaktion

Hans-Joachim Müller

Daniel Ruben Prange

PCR – Polymerase-Kettenreaktion

2. Auflage

Hans-Joachim Müller
Neckargemünd, Deutschland

Daniel Ruben Prange
Kiel, Deutschland

ISBN 978-3-662-48235-3   ISBN 978-3-662-48236-0 (eBook)
DOI 10.1007/978-3-662-48236-0

Die Deutsche Nationalbibliothek verzeichnet diese Publikation in der Deutschen Nationalbibliografie; detaillierte
bibliografische Daten sind im Internet über http://dnb.d-nb.de abrufbar.

Springer Spektrum
© Springer-Verlag Berlin Heidelberg 2016

Gedruckt auf säurefreiem und chlorfrei gebleichtem Papier

Springer-Verlag GmbH Berlin Heidelberg ist Teil der Fachverlagsgruppe Springer
Science+Business Media
(www.springer.com)

Vorwort zur 2. Auflage „PCR – Das Methodenbuch"

Die erste Publikation über die Polymerase-Kettenreaktion (PCR) wurde vor 30 Jahren (!) von Saiki et al. veröffentlicht.

Heute, im Jahre 2015, gibt es kaum ein molekularbiologisches Experiment oder eine forensische Untersuchung, die nicht auf Verwendung der PCR beruht.

Es wurden im Laufe der letzten 30 Jahre viele verschiedene PCR-Varianten entwickelt und publiziert, aber viele sind dann auch wieder „verschwunden" und die etablierten Methoden beruhen immer wieder auf dem gleichen Prozedere: Ziel-DNA, Primer, PCR-Mix, Erhitzen, Abkühlen, Erhitzen usw.

In vorliegender 2. Auflage wurden die etablierten Methoden aktualisiert und wichtige neue Applikationen (z. B. Next Generation Sequencing oder die Emulsions-PCR) hinzugefügt.

Da die Automation bei den molekularbiologischen Applikationen fortschreitet, erfordern gerade die letztgenannten Methoden immer weniger Handarbeit, wobei das generelle Verständnis über die einzelnen Schritte vorhanden sein muss.

Dieses „Know-How" erhalten Sie im vorliegenden PCR-Methodenbuch!

Dr. Hans-Joachim Müller
Studierte Molekularbiologie in Kiel und Hamburg, promovierte am Bernhard-Nocht-Institut für Tropenmedizin und arbeitete als PostDoc im DKFZ in Heidelberg. Autor verschiedener molekularbiologischer Bücher und Schulungsleiter für diverse molekularbiologische Seminare.

Daniel Ruben Prange
Studiert Zell- und Molekularbiologie an der Christian-Albrechts-Universität zu Kiel.

Danksagung

Dieses Handbuch richtet sich an Technische Assistenten, Studenten, Doktoranden und wissenschaftliche Mitarbeiter, die mehr über die methodische Durchführung verschiedener PCR-Varianten erfahren wollen. Genau dieser Zielgruppe möchten wir auch unsere Danksagung widmen! Denn allein durch die tägliche Arbeit in so vielen verschiedenen Laboratorien auf der Welt, werden neue Ideen entwickelt und innovative Ansätze für die Lösung unterschiedlichster Fragestellungen durch die Frauen und Männer an der Laborbank gefunden. Auch wenn viele moderne Methoden technisch und digital sehr anspruchsvoll sind, entspringt der Grundgedanke zur Lösung eines bestimmten Problems meistens den Mitarbeitern, die im Laboralltag mit eben diesen Problemen konfrontiert sind.

Aufgrund der zahlreich investierten Arbeitsstunden und des innovativen „Brain Powers" wird die komplexe Welt der Molekularbiologie stetig durch neue Methoden bereichert. Dadurch wird erst ermöglicht, dass eine effiziente, kostengünstige und einfachere Forschung erhalten werden kann und die Kenntnis über verschiedenste Bereiche der Molekularbiologie vorangetrieben wird.

Wir hoffen mit diesem Buch dazu beizutragen, dass möglichst vielen Lesern der Einstieg in die Möglichkeiten der unterschiedlichen PCR-Methoden erfolgreich gelingt, um auch in Zukunft neuen Ideen und Innovationen Nahrung zu geben!

Firmenverzeichnis

Im nachfolgenden sind die Kontaktadressen verschiedener Anbieter molekularbiologischer Produkte aufgeführt (Stand Juli 2015). Für die Vollständigkeit und Richtigkeit der angegebenen Adressen wird keine Gewähr übernommen.

Agilent Technologies Sales & Services GmbH & Co. KG, Hewlett-Packard-Str. 8, D-76337 Waldbronn, Tel. 0800-603 1000, Fax +49 69 953 07 919, E-Mail: Customer-Care_Germany@agilent.com, Internet: ▸ http://www.agilent.com/home

AppliChem GmbH, Ottoweg 4, 64291 Darmstadt, Tel. +49 6151 9357-0, Fax +49 6151 9357-11, Mail: ▸ service@de.applichem.com, Internet: ▸ http://www.applichem.de

BD Clontech, Tullastrasse 8–12, 69126 Heidelberg, Tel. +49 (0) 6221 305-0, Fax +49 (0) 6221 305-216, E-Mail: customerservice.bdb.de@europe.bd.com; Internet: ▸ http://www.bd.com/de

Bio-Rad Laboratories GmbH, Heidemannstrasse 164, 80939 München, Tel. +49-(0)89-31884-0, Fax +49-(0)89-31884-100, E-Mail: ▸ info@bio-rad.de, Internet: ▸ http://www.bio-rad.com

Eppendorf AG, Barkhausenweg 1, 22339 Hamburg, Tel. +49 40 53 801-0, Fax +49 40 53 801-556, E-Mail: eppendorf@eppendorf.com, Internet: ▸ http://www.eppendorf.com

Illumina, 5200 Illumina Way, San Diego, CA 92122, USA, Tel. +1-858-202-4500, Fax +1-858-202-4766, Internet: ▸ http://www.illumina.com/

Life Technologies (Invitrogen), Frankfurter Straße 129B, 64293 Darmstadt, Tel. 0800 083 09 02, Fax 0800 083 34 35, E-Mail: orders_germany@lifetech.com, Internet: htpp://▸ www.lifetechnologies.com

Macherey-Nagel GmbH & Co. KG, Valencienner Str. 11, 52355 Düren, Tel. +49-(0)2421-969-0, Fax +49-(0)2421-969-199, E-Mail: sales@mn-net.com, Internet: ▸ http://www.mn-net.com

Merck KGaA, Frankfurter Straße 250, 64293 Darmstadt, Tel+49 6151 72-0, +49 6151 72 2000, E-Mail: service@merckgroup.com, Internet: ▸ http://www.merck.de

Promega GmbH, Schildkrötstraße 15, D-68199 Mannheim, Tel. +49 621 8501-0, Fax +49 621 8501-222, E-Mail: de_custserv@de.promega.com, Internet: ▸ http://www.promega.com/de

Qiagen GmbH, QIAGEN Straße 1, 40724 Hilden, Tel. 02103-29-0, Fax. 02103-29-22000, E-Mail: orders-de@qiagen.com, Internet: ▸ http://www.qiagen.com

Roche Diagnostics GmbH, Sandhofer Straße 116, 68305 Mannheim, Tel. 0621 759 47 47, Fax 0621 759 40 02, Internet: ▸ https://www.roche.de/diagnostics

Sigma-Aldrich-Aldrich Biochemie GmbH, Georg-Heyken-Straße 14, 21147 Hamburg, Tel. 040 / 79 702-250, Fax 040 / 79 702-200, Internet: ▸ https://www.sigmaaldrich.com/germany

Abkürzungen

µg	Mikrogramm
µl	Mikroliter
6-ROX	6-Carboxy-Rhodamine X
6-TAMRA	6-Carboxy-Tetramethyl-Rodamine
A	Adenosin
A	Alanin
Abb.	Abbildung
Amp	Ampicillin
AMV	*Avian Myeloblastosis Virus*
AP-PCR	Arbitrarily-Primed-PCR
ARMS-PCR	Amplification-Refractory-Mutation-System-PCR
ASP-PCR	Allelspezifische-PCR
bp	Basenpaar
BSA	Bovine-Serum-Albumin (Rinderserumalbumin)
bzw.	beziehungsweise
C	Cytosin
cDNA	complementary oder copy DNA
CIP	Calf-Intestine-Phosphatase (Kälberdarm-Phosphatase)
Cy3	Cyanine 3
Cy5	Cyanine 5
Cy5.5	Cyanine 5.5
D	Aspartat
DABCYL	4-(4'-Dimethylaminophenylazo)-Benzoic-Acid
dATP	Desoxy-Adenosin-5'-Triphosphat
dCTP	Desoxy-Cytosin-5'-Triphosphat
DD-PCR	Differential-Display-PCR
DEPC	Di-Ethyl Pyrocarbonat
dGTP	Desoxy-Guanosin-5'-Triphosphat
DMSO	Di-Methyl-Sulfoxid
DNA	Desoxy-Ribo Nucleic Acid (Desoxyribonucleinsäure)
dNTP	Desoxy-Nucleosid-5'-Triphosphat
DOP	Degenerate-Oligonucleotid-Primer
dsDNA	doppelsträngige DNA
DTT	Dithiothreitol
dTTP	Desoxy-Thymidin-5'-Triphosphat
dUMP	Desoxy-Uracil-5'-Monophosphat
dUTP	Desoxy-Uracil-5'-Triphosphat
EDTA	Ethylen-Diamin-Tetra-Acetat
FA	Formamid
FAM	Fluorescein-Addition-Monomer, Carboxy-Fluorescein
fg	Femtogramm

FRET	Fluorescence-Resonance-Energy-Transfer
G	Glycin
g	Gramm
G	Guanidin
GAPDH	Glutathion-Aldehyd-Phosphat-Dehydrogenase
ggf.	gegebenenfalls
GSP	Genspezifischer Primer
GSS	Genspezifische Sequenz
h	Stunde
HEG	Hexethylen-Glycol
HEX	Hexachlorofluorescein
HLA	Human-Leucocyte-Antigen
I	Isoleucin
i.d.R.	in der Regel
IPTG	Iso-Propyl-Thio-ß-Galactosid
IRS	Interspersed-Repetitive-Sequence
K	Lysin
Kap.	Kapitel
kb	Kilobasenpaar
L	Leucin
LB	Luria Broth
LD-PCR	Long-Distance-PCR
LIC	Ligase-Independent-Cloning
M	Methionin
M	Molar
MgCl$_2$	Magnesiumchlorid
min	Minute(n)
ml	Milliliter
MMLV	*Murine-Moloney-Leukemia-Virus*
mRNA	Messenger RNA
ng	Nanogramm
OD	Optische Dichte
P	Prolin
PASA	PCR-Amplifikation-spezifischer-Allele
PCR	Polymerase-Chain-Reaction
Pfu	*Puricoccus furiosus*
pg	Picogramm
Pol	Polymerase
Pwo	*Puricoccus woseii*
Q	Glutamat
QPCR	Quantitative-PCR

Abkürzungen

RACE-PCR	Rapid-Amplification-of-Complementary-Ends-PCR
RAPD-PCR	Random-Amplified-Polymorphic-DNA-PCR
RNA	Ribo-Nucleic-Acid (Ribonucleinsäure)
RNase	Ribonuclease
RT	Raumtemperatur
RT	Reverse-Transkription
RTase	Reverse-Transkriptase
RT-PCR	Reverse-Transkriptase-PCR
S	Serin
SDS	Natrium-(Sodium)-Dodecyl-Sulfat
Sek	Sekunde
SNP	Single-Nucleotide-Polymorphism
ssDNA	Einzelstrang-(single strand)-DNA
t	Zeit
T	Temperatur
T	Threonin
T	Thymidin
Tab.	Tabelle
Taq	*Thermus aquaticus*
TET	Tetrachloro-6-Carboxy-Fluorescein
Tfl	*Thermus flavis*
Tli	*Thermococcus litoralis*
Tma	*Thermotoga maritima*
Tm-Wert	mittlerer Schmelzwert
Tne	*Thermatoga neopolitana*
Tth	*Thermus thermophilus*
u	Einheiten
U	Uracil
u. a.	unter anderem
UDG	Uracil-DNA-Glycosylase
UNG	Uracil-DNA-N-Glycosylase
Upm	Umdrehungen pro Minute
UV	Ultraviolett
x	multipliziert mit
X-Gal	5-Brom-4-Chlor-4indolyl-ß-D-galactopyranosid
xx	einzusetzendes Volumen
Y	Tyrosin
z. B.	zum Beispiel

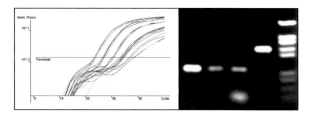

Inhaltsverzeichnis

Hans-Joachim Müller, Daniel Ruben Prange
26.1   **Illumina Sequenzierung**...140
26.2   **Ion Torrent Sequenzierung** 141
       Literatur 143

       Serviceteil 145
       Stichwortverzeichnis 146

Einleitung

Hans-Joachim Müller, Daniel Ruben Prange

H.-J. Müller, D. R. Prange, *PCR – Polymerase-Kettenreaktion*,
DOI 10.1007/978-3-662-48236-0_1, © Springer-Verlag Berlin Heidelberg 2016

Keine molekularbiologische Technik hat einen derart großen Einfluss auf die Erforschung des menschlichen Genoms sowie des Verständnisses der molekularen Mechanismen von genetisch bedingten Krankheiten ausgewiesen, wie die PCR. Diese Methode ermöglicht die Vervielfältigung (Amplifikation) sehr geringer Nucleinsäuremengen aus den unterschiedlichsten Ausgangsmaterialien. Die PCR verknüpft viele unterschiedliche Fachrichtungen (Molekularbiologie, Zellbiologie, Medizin, Immunologie, Diagnostik, Forensische Medizin, etc.), wobei diese Technik zur Untersuchung diverser Fragestellungen fast immer nach dem gleichen Prozedere abläuft.

Die *in vitro* Amplifikation von DNA (Desoxy-Ribonucleic Acid oder auch als DNS „Desoxy-Ribonukleinsäure" bezeichnet) wurde 1983 von Kary Mullis erdacht. Er wurde für diese „Erfindung" 1993 mit dem Nobel-Preis ausgezeichnet. Die neue Technik wurde wegen der exponentiellen Vermehrungsrate der DNA als Polymerase-Kettenreaktion (Polymerase Chain Reaction) oder auch kurz „PCR" bekannt. Seit der ersten im Jahre 1985 von Saiki et al. publizierten PCR-Veröffentlichung nahm die Anzahl der PCR-Publikationen exponentiell zu.

1.1   Prinzip der Polymerase-Kettenreaktion (PCR)

Das Prinzip der PCR lässt sich wie folgt beschreiben: es basiert auf der Denaturierung einer doppelsträngigen DNA (dsDNA) (◘ Abb. 1.1a), an die sich am 5′- und 3′-Ende des zu amplifizierenden Bereiches spezifische Oligonucleotidmoleküle (Oligonucleotid) anlagern (Annealing) (◘ Abb. 1.1b). Diese Oligonucleotide werden von einer DNA-abhängigen DNA-Polymerase in Anwesenheit freier Desoxynucleosid-Triphosphate (dNTPs) verlängert (elongiert) (◘ Abb. 1.1c). Die DNA-Polymerase elongiert den entstehenden DNA-Doppelstrang solange, bis sie von der DNA „abfällt" oder die Reaktion unterbrochen wird. Dieser Abbruch kann z. B. durch eine Erhöhung der Inkubationstemperatur auf 95 °C verbunden mit einer wiederholten Denaturierung der dsDNA erfolgen. Kühlt man den Ansatz in Anwesenheit

freier Oligonucleotide auf 60–40 °C herunter, so binden sich diese in Abhängigkeit ihres mittleren Schmelzwertes (T_m-Wertes) an die komplementären Sequenzen der DNA-Matrize (◘ Abb. 1.1d). Die Synthese eines weiteren Doppelstranges kann jetzt wiederholt werden (◘ Abb. 1.1e).

Die PCR bietet in Kombination mit einer thermostabilen DNA-Polymerase den Vorteil, dass alle Komponenten (Enzym, Matrize, Oligonucleotide, dNTPs, etc.) in einem Reaktionsgefäß zusammengeführt und die DNA vollautomatisch in einem Thermocycler amplifiziert werden kann. Die PCR-Effizienz bzw. Sensitivität dieses Systems zeigt sich schon bei der Durchführung von 25 PCR-Zyklen, da aus einem Zielmolekül bereits $3,2 \times 10^7$ Kopien synthetisiert werden. Bei 30 Zyklen erhält man 10^9 Kopien!

Theoretisch ist die PCR sehr einfach und unkompliziert. Allerdings kann es auch zahlreiche Gründe geben, warum die PCR manchmal nicht klappt. Für eine erfolgreiche PCR müssen verschiedene chemische sowie physikalische Parameter eingehalten werden. Diese Parameter lassen sich für die jeweiligen Erfordernisse in einem großen Bereich variieren. Die Variation beginnt bei der Matrize und endet mit der Wahl des Thermocyclers. Um eine qualitative und quantitative PCR durchzuführen, genügt es in der Regel, wenn ein oder zwei Parameter leicht verändert werden. Im Folgenden erhalten Sie eine Übersicht der wichtigsten PCR-Parameter.

▪ **Denaturierung**

Eine vollständige Denaturierung ist extrem wichtig für das Gelingen der PCR. Wird doppelsträngige DNA nicht komplett denaturiert, so wirkt dies in einer deutlichen Herabsetzung der „Annealing"-Effizienz des Oligonucleotides aus. Zu Beginn der PCR-Zyklen sollte ein 1–5 minütiger Denaturierungsschritt bei 95 °C erfolgen. Während der Zyklen ist dann ein Denaturierungsschritt von einigen Sekunden ausreichend.

▪ **Oligonucleotid-Annealing**

Die optimale Annealing-Temperatur muss für jedes Oligonucleotidpaar bestimmt werden (siehe ▶ Abschn. 1.8). Bei nichtoptimierten Annealing-Temperaturen treten diese generellen Probleme auf:

1. Zu hohe Temperatur: kein Annealing und damit kein PCR Produkt!
2. Zu niedrige Temperatur: Fehlpaarungen und damit unspezifische PCR Produkte!

- **Oligonucleotid-Verlängerung (Elongation)**
Die Elongation wird in der Regel bei 72 °C, dem Temperaturoptimum der *Taq*-DNA-Polymerase, durchgeführt. Die Elongationszeit wird von der Länge der zu amplifizierenden DNA-Matrize sowie durch die Prozessivität der Polymerase bestimmt. Die Faustregel besagt: 60 Sekunden für 1000 bp. Ausnahmen sind die „Proofreading" Enzyme (▶ Kap. 4), die durch ihre 3'→5' Exonucleaseaktivität für ein 1000 bp Fragment etwa 2 min benötigen.

- **Zyklusanzahl**
In der Regel gilt eine Zyklenanzahl von 25–30. Mehr Zyklen (> 30) steigern das Risiko, dass fehlerhafte Nucleotide eingebaut oder unspezifische Fragmente amplifiziert werden. Im Falle der „Real-Time-PCR" (▶ Kap. 14) werden allerdings bis zu 50 Zyklen empfohlen, da die erforderliche Sensitivität nur durch diese große Anzahl der PCR-Zyklen teilweise erreicht werden kann.

- **Finaler Extensionsschritt**
Nach dem letzten Zyklus wird zusätzlich ein 5–15 minütiger Extensionsschritt bei 72 °C angehängt, um partiell verlängerte Produkte zu vervollständigen, da die DNA-Polymerasen mit steigender Zyklenzahl immer langsamer werden. Ohne Extensionsschritt kann es vorkommen, dass sehr viele vollständige bzw. vermeintlich unspezifische DNA-Fragmente nach der Gelelektrophorese erkannt werden.

1.2 DNA-Polymerasen

Die erste DNA-Polymerase, die Einsatz in der von Mullis erdachten Methode erfahren hat, war das Klenow Fragment der *E.coli* DNA-Polymerase I (Scharf et al. 1986). Bei diesem mesophilen (optimale Aktivität bei 37 °C) Enzym musste nach jedem Denaturierungsschritt ein neues Enzymaliquot hinzugegeben werden. Dieser Umstand wurde durch Verwendung einer thermostabilen DNA-Polyme-

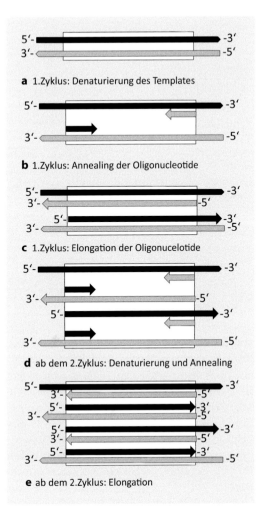

a 1.Zyklus: Denaturierung des Templates

b 1.Zyklus: Annealing der Oligonucleotide

c 1.Zyklus: Elongation der Oligonucelotide

d ab dem 2.Zyklus: Denaturierung und Annealing

e ab dem 2.Zyklus: Elongation

◘ Abb. 1.1a–e Schematische Darstellung der PCR. In dieser PCR wird ein spezifisches Genfragment (*Rechteck*) amplifiziert. Der erste PCR-Zyklus erstreckt sich von **a** bis **c**. Der zweite und alle nachfolgenden Zyklen sind durch **d** und **e** sowie eine erneute Denaturierung (nicht gezeigt) dargestellt. **a** Denaturierung der Matrizen-DNA durch Erhitzen auf 92–95 °C. **b** Anlagerung (Annealing) der komplementären Oligonucleotide an die denaturierte DNA bei 50–60 °C. **c** Verlängerung (Elongation) der angelagerten Oligonucleotide durch die DNA-Polymerase bei 68–75 °C. Die Reaktion wird durch einen weiteren Denaturierungsschritt gestoppt, wobei die Oligonucleotide auf unbestimmte Größe verlängert werden. **d** Denaturierung und darauffolgende Anlagerung der Oligonucleotide im 2. Zyklus. **e** Elongation der gebundenen Oligonucleotide, wobei erstmals die erwartete Größe synthetisiert wird

rase eliminiert. Hierfür wurde die aus dem thermostabilen Bakterienstamm *Thermus aquaticus* isolierte und als *Taq*-DNA-Polymerase bekannt

□ **Tab. 1.1** Thermostabile DNA-Polymerasen. Dargestellt ist eine Auswahl verschiedener hochprozessiver als auch lesegenauer DNA-Polymerasen aus Bakterien und Archaeen

DNA-Polymerase	5'→3' Exonuclease	3'→5' Exonuclease	3'-Adenylierungs-aktivität	RT-Aktivität	Bakterienstamm
Taq-Pol	ja	nein	ja	schwach	*Thermus aquaticus*
Tli-Pol (Vent)	ja	nein	ja	nd	*Thermococcus litoralis*
Tfl Pol	ja	nein	ja	nd	*Thermus flavis*
Tma-Pol (UlTma)	ja	nein	ja	nd	*Thermotoga maritima*
Tne-Pol	ja	nein	ja	nd	*Thermatoga neopolitana*
Tth-Pol	ja	nein	nein	stark	*Thermus thermophilus*
Pwo-Pol	nein	ja	(ja; 50 %)	nein	*Pyrococcus woseii*
Pfu-Pol	nein	ja	(ja; 50 %)	nein	*Pyrococcus furiosus*

gewordene DNA-Polymerase eingesetzt (Saiki et al. 1988). Seither wird die *Taq*-DNA-Polymerase immer noch für ca. 90 % aller PCRs herangezogen. Sie zeichnet sich durch einen relativ geringen Preis, hohe Prozessivität und Robustheit aus. Allerdings ist sie nicht das „beste" Enzym für die PCR. Es gibt viele DNA-Polymerasen, die eine höhere Prozessivität, geringere Fehlerhäufigkeiten und eine größere Toleranz gegenüber Pufferschwankungen aufweisen.

In den letzten zwanzig Jahren wurden weitere DNA-Polymerasen aus verschiedenen thermophilen Bakterien isoliert, ggf. modifiziert, rekombinant exprimiert und dem PCR-Anwender als spezielle PCR-Polymerasen vor- und bereitgestellt. Diese DNA-Polymerasen weisen gegenüber der *Taq*-DNA-Polymerase spezielle Fähigkeiten auf. Sowohl die *Taq*-DNA-Polymerase, als auch alle anderen Polymerasen besitzen eine 5'→3' Syntheserichtung und benötigen als Startmolekül (das sogenannte Oligonucleotid oder auch als „Primer" bezeichnet) einen dsDNA-Bereich mit einem intakten 3'-OH Ende. Außerdem verfügt die *Taq*-DNA-Polymerase sowie manche andere Polymerasen über weitere enzymatische Fähigkeiten wie z. B. eine 5'→3' Exonucleaseaktivität, eine 3'-Adenylierungsaktivität und eine reverse Transkriptaseaktivität (Newton und Graham 1997). Bestimmte Enzyme zeichnen

sich gegenüber der *Taq*-DNA-Polymerase durch eine relativ starke 3'→5' Exonucleaseaktivität (wird auch als „Proofreading-Aktivität" bezeichnet) aus, sodass diese Polymerasen für eine akkurate und fehlerfreie Amplifikation herangezogen werden (► Kap. 4) (Lundberg et al. 1991). In □ Tab. 1.1 ist eine Auswahl unterschiedlicher DNA-Polymerasen und deren Spezifikationen aufgelistet, wobei zu beachten ist, dass sowohl native als auch rekombinante Polymerasen kommerziell angeboten werden.

Durch Rekombinationstechniken wurden zusätzlich weitere Fusionsproteine erstellt, die sowohl eine sehr hohe Syntheserate als auch eine niedrige Fehlerrate aufweisen (Motz et al. 2002; Wang et al. 2004).

1.3   PCR-Puffer

Eine große Bedeutung für eine effektive PCR wird dem PCR-Puffer beigemessen. Mit dieser Lösung geben Sie der Polymerase alle notwendigen chemischen Komponenten, um ein annähernd optimales Milieu *in vitro* für das Enzym bei verschiedenen Temperaturen bereitzustellen. Durch die Zusammensetzung des PCR-Puffers steht und fällt die Aussagekraft des PCR-Resultates. Fast jede Problematik, die in einer PCR auftreten kann, lässt sich durch einen optimalen Puffer beheben. Die Variabilität der PCR-Puffer ist schier grenzenlos, aber alle Puffer weisen folgende Komponenten auf: Cl^- Ionen, Mg^{2+} Ionen sowie dNTPs (Desoxynucleotid-Triphosphate, siehe ▶ Abschn. 1.5).

1.4 $MgCl_2$ und $MgSO_4$

Das Magnesiumchlorid ist ein metabolischer Cofaktor für die meisten DNA-Polymerasen. Ob $MgCl_2$ oder $MgSO_4$ eingesetzt wird, hängt von der DNA-Polymerase ab. Mg^{2+}-Ionen beeinflussen die Enzymaktivität, erhöhen die Schmelztemperatur der dsDNA und bilden einen löslichen Komplex mit Nucleotiden, wodurch das Substrat gebildet wird, welches die DNA-Polymerase erkennt. Die Menge an benötigten Mg^{2+} hängt von der Konzentration der Reaktionskomponenten ab, die die Mg^{2+}-Ionen binden (wie z. B. dNTPs, freies Pyrophosphat und EDTA). Die $MgCl_2$- bzw. $MgSO_4$-Konzentration kann die Spezifität und Ausbeute der PCR erheblich beeinflussen. In der Regel werden Konzentrationen von 1,0 bis 2,5 mM verwendet. Die optimale Konzentration ist jedoch von PCR zu PCR unterschiedlich. Niedrige Konzentrationen führen zu einer geringen und hohe zu einer großen Ausbeute. Allerdings ist bei einem Überschuss freier Mg^2-Ionen mit der Synthese unspezifischer PCR-Produkte zu rechnen.

In der Regel wird zu jeder kommerziell erworbenen DNA-Polymerase bzw. zu jedem PCR-Kit sowohl ein kompletter (z. B. vorab mit 15 mM Mg^{2+}-Ionen versetzt) als auch ein inkompletter 10x Reaktionspuffer zzgl. einer separaten $MgCl_2$-Lösung (in 50 mM oder 100 mM Konzentration) geliefert. Mit dem inkompletten Puffer lässt sich die $MgCl_2$-Konzentration nach eigenen Wünschen variieren.

1.5   Nucleotide

Desoxynucleosid-Triphosphate (dNTPs) sind die Substrate für die DNA-Polymerasen. Sie bilden einen Komplex mit den Mg^{2+}-Ionen und werden in Abhängigkeit der Basenpaarungsregel von der Polymerase an das jeweilig freistehende 3′-Ende des

zu synthetisierenden Stranges unter Abspaltung von Pyrophosphat und Wasser verknüpft. Entscheidend für die Qualität der dNTPs ist, dass der Gehalt an Modifikationen wie z. B. Methylierungen vorab bestimmt und durch diverse Reinigungsschritte auf ein Minimum (0,5–1,5 %) reduziert werden kann. Bei vielen kommerziell erhältlichen dNTPs kommt es häufig vor, dass bis zu 30 % der dNTPs modifiziert sind. Eine erfolgreiche Amplifikation großer DNA-Fragmente lässt sich aber nur mit minimal modifizierten dNTPs durchführen. Achten Sie bei der Bestellung auf die Reinheit und Spezifikation der dNTPs, die Sie den Produktangaben entnehmen können.

Für die DNA-Amplifikation bis zu 20 kb sind Endkonzentrationen von 200–600 µM und für die Amplifikation bis 40 kb von 300–800 µM erforderlich. Die optimale Konzentration der dNTPs hängt von den Amplifikaten, den Oligonucleotiden, der Anzahl der PCR-Zyklen sowie von der Menge des $MgCl_2$ ab.

1.6   PCR-Beschleuniger

Die Spezifität der PCR lässt sich sehr gut mit Formamid oder Dimethylsulfoxid (DMSO) steigern (Sakar et al. 1990). Bei vielen PCR-Systemen, die nur eine sehr ineffiziente oder unspezifische PCR erlauben, kann der Einsatz von Formamid oder DMSO wahre Wunder bewirken. Andere Substanzen (TWEEN-20, Glycerin, PEG 6000, Betain) werden ebenfalls als PCR-Enhancer eingesetzt, wobei diese entweder bereits im 10x Reaktionspuffer oder als separate Beschleuniger-Suspension/-Kügelchen dem PCR-Ansatz hinzugefügt werden (Newton und Graham 1997). Die Konzentrationen der PCR-beschleunigenden Substanzen sind der ◻ Tab. 1.2 zu entnehmen.

1.7   Inhibitoren

Weiterhin gibt es verschiedene Substanzen, die die Effektivität der PCR hemmen können. In der Regel werden die PCR-Beschleuniger dem Reaktionsansatz beigemengt, während PCR-Hemmstoffe (z. B. SDS, Heparin, EDTA) meist durch die Probenbe-

◘ **Tab. 1.2** PCR-Beschleuniger und -Inhibitoren. Aufgeführt sind die unterschiedlichen Substanzen und deren Konzentrationen, bei welchen die PCR positiv oder negativ beeinflusst werden

Substanz	Beschleuniger	Inhibitor
Dimethylsulfoxid (DMSO)	<10%	>10%
EDTA	./.	>0,5 mM
Formamid	<5%	>5%
Glycerin	10–15%	>15%
Heparin	./.	>5 u
Natriumdodecyl-sulfat (SDS)	./.	>0,01%
Nonidet P40	<5%	>5%
Polyethylenglycol 6000	5–15%	>15%
Triton X-100	<1%	>1%
TWEEN-20	0,1–2,5%	>2,5%

handlung in die PCR-Reaktion gelangen. Damit die PCR nicht durch inhibierende Substanzen beeinflusst wird, muss größte Sorgfalt bei der Auswahl der PCR-Matrize gewahrt werden. Die Konzentrationen verschiedener PCR-hemmender Substanzen sind ebenfalls in ◘ Tab. 1.2 aufgeführt.

1.8   Oligonucleotide

Die Oligonucleotidmoleküle (auch: Primer, Oligos, Oligonucleotide) werden in hohem Überschuss (0,05–0,8 mM) zum PCR-Ansatz beigemengt. Bei zu geringen Oligonucleotidmengen ist eine niedrige Ausbeute zu erwarten. Bei zu hohen Oligonucleotid-konzentrationen kommt es zu Fehlpaarungen und damit zu unspezifischen PCR-Produkten. Es sollte bei der Konstruktion von Oligonucleotiden beachtet werden, dass das Basenpaarverhältnis G/C zu A/T annähernd gleich ist. Die Länge der Oligonucleotide sollte zwischen 12 und maximal 50 Basen liegen. Je größer das zu amplifizierende DNA-Fragment ist, desto länger sollten die Oligonucleotide gewählt werden. Für die Amplifikation sehr großer DNA-Fragmente (>25 kb) (▶ Kap. 22) haben sich Oligo-

nucleotide von 25–35 Basen sehr gut bewährt. Der Einsatz längerer Oligonucleotide führt nicht zur Spezifitätssteigerung. Die optimale Temperatur, welche eine spezifische Oligonucleotid-Anlagerung „Annealing" an die Ziel-DNA (Matrize) erlaubt, lässt sich aus dem T_m-Wert der Oligonucleotide errechnen. Der T_m-Wert wird in °C angegeben und sagt aus, bei welcher Temperatur 50% der Oligonucleotide gebunden sind. Hierfür gibt es spezielle Computer-Programme und selbstverständlich auch diverse Apps, die die Basenzusammensetzung sowie die Komponenten des Reaktionspuffers berücksichtigen. Eine Annäherung des T_m-Wertes kann durch verschiedene Formeln manuell errechnet werden. Die optimale Annealing-Temperatur liegt ca. 5°C unter dem errechneten T_m-Wert.

■   **Formeln zur Berechnung der Annealing-Temperatur von Oligonucleotiden**

Formel für Oligonucleotide bis 15 Basen

$$T_m = 4 \times (G + C) + 2 \times (A + T)$$

Formel für Oligonucleotide von 20 bis 70 Basen

$$T_m = 81{,}5 + 16{,}6\,(\log_{10}[J^+]) + 0{,}4(\%\,G + C)$$
$$- (600 / \text{Anzahl der Basen})$$
$$- 0{,}63\,(\%\,FA)$$

Abkürzungen: A = Adenosin, C = Cytidin, FA = Formamid, G = Guanosin, J = Konzentration monovalenter Kationen, T = Thymidin, T_m = berechneter Schmelzwert

Intern zueinander komplementäre Sequenzen sowie nichtgebundene Nucleotide („Wobble"-Strukturen) sollten am 3′-Ende vermieden werden (◘ Abb. 1.2). Ist es erforderlich, dass zusätzliche Nucleotide (z. B. für die Insertion einer Restriktionsschnittstelle) eingefügt werden, so ist es vorteilhaft diese am 5′-Ende des Oligonucleotids zu lokalisieren. Um eine funktionierende Restriktionsschnittstelle zu bilden, sollten mindestens vier zusätzliche Nucleotide in 5′-Richtung angefügt werden.

Im Falle einer RT-PCR ist es erforderlich die Oligonucleotide so zu wählen, dass sie Exon-Intron-Exon Grenzen überspannen, damit die Amplifikation

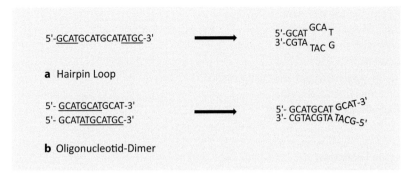

a Hairpin Loop

b Oligonucleotid-Dimer

◘ **Abb. 1.2** Olignucleotid „No Go's".**a** Komplementäre Sequenzen innerhalb des 5'- und 3'-Endes der einzelnen Oligonucleotide sollten vermieden werden, da es zu sogenannten „Hairpin-Loops" kommen kann. Hierbei binden die Oligonucleotide keine Ziel-DNA, wenn die Annealing-Temperatur nicht stringent ist. **b** Oligonucleotid-Dimere entstehen, wenn komplementäre 5'- und 3'-Sequenzen innerhalb der beiden Oligonucleotide vorhanden sind. Dieses fördert die Amplifikation von unspezifischen Fragmenten

genomischer DNA aufgrund des längeren Intron-beinhaltenden Fragmentes erkannt werden kann.

1.9 PCR-Matrize

Die eingesetzte DNA muss rein ($OD_{260/280nm}$ 1,8–2,0) und intakt sein. Die Menge der Matrizen-DNA hängt von der zu amplifizierenden DNA-Größe ab und kann von ca. 10 fg bis zu 100 ng betragen (siehe ◘ Tab. 3.1). Die DNA-Lösung sollte frei von PCR-hemmenden Substanzen wie z. B. EDTA sein. Verunreinigte DNA muss vorher mit geeigneten Nucleinsäureisolierungsmethoden gereinigt worden sein. Vermieden werden sollten Kontaminationen mit unerwünschten Nucleinsäuren bei der DNA-Aufreinigung. Eine Auflistung der potentiellen Kontaminationsquellen ist in ◘ Tab. 1.3 aufgeführt. Bereits kleine Mengen an DNA-Verunreinigungen können als Matrize dienen und zu unspezifischen Reaktionen führen („Falsch-Positive"). Alle Lösungen sollten – soweit möglich – autoklaviert und für den einmaligen Gebrauch aliquotiert werden.

1.10 PCR-Thermocycler

Die Wahl des richtigen Thermocyclers ist abhängig von den Anforderungen der einzusetzenden PCR. Werden hauptsächlich Standard-PCRs mit hohem Probendurchsatz durchgeführt, so ist ein Thermo-

◘ **Tab. 1.3** Potentielle Kontaminationsquellen

Biologisches Material	Verbrauchs-material	Arbeitsplatz
Methode der Proben-gewinnung	Reaktionsgefäße	Laborgeräte
Matrize	Pipettenspitzen	Homogenisa-toren
Zellsuspen-sionen	„Steriles" A.bidest	Hood-Filter-einsätze
Aerosole	Verwendete Reagenzien	Pipetten

cycler, der den Einsatz von 96well oder 384well PCR-Mikrotiterplatten oder 8er-PCR-Strips erlaubt, notwendig. Weiterhin kann es sehr sinnvoll sein, dass sich mehrere Thermocycler-Blöcke und die primäre PCR-Kontrolleinheit anschließen lassen.

Eine grundsätzlich andere Anforderung an den Thermocycler kann darin begründet sein, dass Amplifikationen mit „schwierigen" Matrizen regelmäßig durchgeführt werden müssen. Hierfür eignet sich ein Gradienten-Thermocycler sehr gut, bei welchen sich die optimale Annealing-Temperatur in einem PCR-Durchgang herausfinden lässt.

Es gibt heutzutage kaum noch Thermocycler, die keinen Heizdeckel aufweisen. Der Heizdeckel erlaubt eine Öl-freie PCR, da durch die Erwärmung (ca. 102–104 °C) der Luft zwischen dem Meniskus der PCR-Flüssigkeit und dem Deckel des Reaktionsgefäßes ein Hitzekissen hergestellt wird, in dem keine Kondensation der PCR-Suspension am Reaktionsgefäßverschluss geschieht. Dies hat den deutlichen Vorteil, dass keine Ölschicht auf die PCR-Probe pipettiert werden muss und somit eine einfache nachfolgende Verwendung der Reaktionslösung gewährleistet ist.

- **Generell sollten folgende Fähigkeiten/ Spezifikationen seitens des Thermocyclers erfüllt werden**
- Garantierte Blockuniformität (± 0,2 °C)
- Sehr schnelle Heiz- und Kühlraten (2–3 °C/ Sek) z. B. durch effektive Peltiertechnologie
- Garantierte Temperaturgenauigkeit (± 0,5 °C) (z. B. durch direkte Temperaturmessung im Tube)
- Leichte Programmierung und Übertragbarkeit der Protokolle
- Heizdeckel
- Lizenz für den erforderlichen PCR-Einsatz

Literatur

Lundberg KS et al (1991) High-fidelity amplification using a thermostable DNA polymerase isolated from Pyrococcus furiosus. Gene 108:1–6

Motz M et al (2002) Elucidation of an Archaeal Replication Protein Network to Generate Enhanced PCR Enzymes. J Biol Chem 277:16179–16188

Newton CR, Graham A (1997) PCR. Reihe Focus. Spektrum Akad. Verl., Heidelberg, Berlin, Oxford

Saiki RK et al (1985) Enzymatic amplification of beta-globin genomic sequences and restriction site analysis for diagnosis of sickle cell anemia. Science 230:1350–1354

Saiki RK et al (1988) Primer-directed enzymatic amplification of DNA with a thermostable DNA polymerase. Science 239(4839):487–491

Sarkar C et al (1990) Formamide can dramatically improve the specificity of PCR. Nucl Acids Res 18(24):7465

Scharf SJ et al (1986) Direct cloning and sequence analysis of enzymatically amplified genomic sequences. Science 233(4768):1076–8

Wang Y et al (2004) A novel strategy to engineer DNA polymerases for enhanced processivity and improved performance in vitro. Nucleic Acids Res 32(3):1197–1207

Allgemeine PCR-Parameter

Hans-Joachim Müller, Daniel Ruben Prange

H.-J. Müller, D. R. Prange, *PCR – Polymerase-Kettenreaktion*,
DOI 10.1007/978-3-662-48236-0_2, © Springer-Verlag Berlin Heidelberg 2016

Welche PCR-Parameter für ein optimales Ergebnis der entsprechenden PCR-Applikationen erforderlich sind, lässt sich schwer vorhersagen. Allerdings haben sich die unten beschriebenen Empfehlungen als Orientierung für den PCR-Start sehr gut bewährt.

2.1   Reaktionsansätze

Die Reagenzkonzentrationen lassen sich in den vorgeschlagenen Bandbreiten variieren. Wir empfehlen alle Pipettierschritte in der dargestellten Reihenfolge auf Eis durchzuführen, und das Enzym erst zum Schluss dem Reaktionsansatz beizumengen.

Die einzelnen Konzentrationen lassen sich mit folgender Formel einfach errechnen:

$$\frac{\text{Wunschkonzentration} \times \text{Wunschvolumen}}{\text{Stocklösung}}$$
$$= \text{benötigtes Volumen aus der Stocklösung}$$

Beispiel: Es soll eine 800 µM Konzentration eines dNTP-Mixes in einem Reaktionsvolumen von 50 µl hergestellt werden. Die Stocklösung hat eine Konzentration von 40 mM (= 10 mM pro Nucleotid).

$$\frac{0{,}8 \text{ M dNTPs}}{40 \text{ mM dNTP}} \times 50 \, \mu\text{l}$$
$$= 1{,}0 \, \mu\text{l aus der Stocklösung}$$

Die gleiche Rechnung wird im Laborjargon sehr häufig auch so ausgedrückt:

$$\frac{\text{Arzt}}{\text{Apotheke}} \times \text{Wunschmenge}$$

Der „Arzt" bestimmt die Konzentration (z. B. 800 µM) eines Stoffes in einer 50 µl Lösung. Allerdings hat die „Apotheke" als Stocklösung nur eine Konzentration von 40 mM.

- **Materialien**
  - Thermostabile DNA-Polymerase (1–5 u/µl)
  - 10x Reaktionspuffer-Komplett (z. B. 200 mM Tris-HCl (pH 8,55), 160 mM $(NH_4)_2SO_4$, 15 mM $MgCl_2$)

- Oligonucleotid A (50–100 pmol/µl)
- Oligonucleotid B (50–100 pmol/µl)
- dNTP-Mix (40 mM, 10 mM pro dNTP)
- Matrize (1,0–100 ng/µl)
- H_2O bidest.
- sterile Reaktionsgefäße (0,5 ml/0,2 ml) mit Sicherheitsverschluss

- **Durchführung**
- ■■ **Pipettierschema für 50 µl Endvolumen**
  - add: 50 µl H_2O bidest.
  - 5,0 µl: 10x Reaktionspuffer-Komplett
  - xx[1] µl: Oligonucleotid A (Gesamtmenge 50–100 pmol)
  - xx µl: Oligonucleotid B (Gesamtmenge 50–100 pmol)
  - xx µl: Matrize (Gesamtmenge 0,1–100 ng)
  - xx µl: dNTP-Mix (Endkonzentration 200–800 µM)
  - xx µl: Thermostabile DNA-Polymerase (Gesamtmenge 0,5–2 u)

2.2   Thermocycler-Profile

Wenn Sie mit einer PCR beginnen und die optimalen PCR-Parameter noch nicht kennen, dann sind die unten aufgeführten Programmprofile eine gute Orientierung.

- **Material**
  - Thermocycler
  - 50 µl Reaktionsansätze

- **Durchführung**
- ■■ **Allgemeines PCR-Programm**
  - Schritt 1: 2 min/95 °C
  - Schritt 2: 30 Sek/95 °C
  - Schritt 3: 30 Sek/48–60 °C[2]
  - Schritt 4: pro 1000 bp 1 min bei 68–75 °C
  - 25–30 Zyklus: Schritt 2–4
  - Schritt 5: 10 min bei 68–75 °C
  - Schritt 6: ggf. runterkühlen auf 4 °C

---

1   xx beschreibt das erforderliche Volumen, welches in Abhängigkeit aller PCR-Komponenten variabel ist.
2   Diese Temperatur ist sehr stark von dem Tm-Wert der eingesetzten Oligonucleotide abhängig! Generell sollte die Annealing-Temperatur ca. 5 °C unter dem Tm-Wert liegen.

2.3 PCR-Kontaminationen

Die DNA-Polymerasen sind relativ robuste Enzyme, die geringe Verunreinigungen der Probe tolerieren und trotzdem eine effiziente PCR gewährleisten. Es lassen sich zum Beispiel „Colony-PCRs" durchführen (► Kap. 15), bei denen der gesamte Zelldebris in der PCR-Lösung keinen negativen Effekt aufweist. Allerdings stellt die verbleibende genomische DNA eine große Kontaminationsquelle dar. Sofern sich die Oligonucleotide an diese kontaminierende DNA binden, kann es zu einer unspezifischen Amplifikation kommen, sodass unerwünschte Fragmente anstelle der erwarteten vervielfältigt werden. Diese Kontaminationsgefahr droht auch bei Verwendung häufig benutzter Lösungen und unsteriler Plastikmaterialien. Speziell für den diagnostischen Bereich muss auf strikte Sterilität geachtet werden, da selbst im Thermocycler befindliche „DNA-Kontaminationen" das PCR-Ergebnis verfälschen können. Damit vormals amplifizierte DNA-Fragmente nicht durch Aerosole in das Reaktionsgefäß übertragen werden, empfiehlt es sich spezielle Filtertips sowie PCR-Reaktionsgefäße einzusetzen. Weiterhin lassen sich diese Verunreinigungen durch eine „UNG-PCR" (► Kap. 8) vermeiden.

Sehr große Sorgfalt muss bei der RT-PCR gewahrt werden, da geringste Kontaminationen mit RNase die als Matrize dienende mRNA degradieren. Bei diesem Vorgang müssen besondere Lösungen und Arbeitsvorschriften beachtet werden, welche im ► Kap. 11 eingehend erklärt werden.

2.4 PCR-Kontrollen

Nichts ist schlimmer, als die Kontrolle der Kontrolle und dessen Kontrolle, ohne dass man zum gewünschten Ergebnis geführt wird. PCR-Kontrollen sind aber sehr wichtig und erleichtern die Analyse der Qualität ggf. auch der Quantität eines PCR-Produktes. Die einfachste Kontrolle ist eine „Positiv-Kontroll-PCR", welche eine Aussage darüber erlaubt, ob alle PCR-Komponenten in der richtigen Konzentration eingesetzt worden sind, und ob der Thermocycler die einzelnen Zyklen moderat durchgeführt hat. Die einfachste Positiv-Kontrolle ist ein PCR-System (Matrize und Oligonucleotid), das bisher immer funktioniert hat. Erhält man hiermit ein Amplifikat,

in dem eigentlichen PCR-Ansatz aber nicht, dann lässt sich der Fehler auf die entsprechende Probe beschränken. Um nun herauszufinden, ob etwaige Hemmstoffe in der Matrizen-Suspension vorliegen, oder ob die Matrize degradiert wurde, kann man eine weitere einfache Kontrolle durchführen, indem die funktionierende Positiv-Kontrolle direkt in den zu untersuchenden Reaktionsansatz pipettiert und die PCR anschließend durchgeführt wird. Lässt sich danach kein Amplifikat der Positiv-Kontrolle nachweisen, sind Inhibitoren in der Matrizen-Suspension vorhanden. Diese müssen durch die üblichen Reinigungsmethoden entfernt werden.

Weitere PCR-Kontrollen stellen die sogenannten „Negativ-Kontrollen" dar, bei denen entweder die Matrize oder eines der Oligonucleotide nicht zum Ansatz hinzugegeben werden. Mit diesem Verfahren erhält man einen Hinweis darauf, ob z. B. eine DNA-Kontamination vorliegt (ohne Matrize darf nichts amplifiziert werden!), oder ob einer der Oligonucleotide häufiger und gegenläufig an die Matrize binden kann.

2.5 Allgemeines Troubleshooting

Leider passiert es sehr oft, dass die gewünschten Resultate nach einer PCR nicht erhalten werden. Ausschlaggebend hierfür sind meist sehr kleine Abweichungen von den optimalen Bedingungen, die allerdings ebenso schnell wieder eliminiert werden können. Da aber sehr viele unterschiedliche PCR-Parameter zu berücksichtigen sind, ist es notwendig, dass für eine erfolgreiche Fehlersuche (Troubleshooting) bzw. PCR-Optimierung (► Kap. 20) jeweils nur einer dieser Parameter verändert wird. Nachfolgend sind verschiedene Möglichkeiten der Fehlersuche beschrieben, wobei für andere Kapitel sowie deren spezifische PCR-Anwendungen eine differente Troubleshooting-Strategie erforderlich sein kann.

- **Allgemeines Troubleshooting**
Kein Amplifikat erhalten:
- Reduktion oder Erhöhung der Ausgangsmatrize in 5 ng Schritten.
- Systemüberprüfung, durch Durchführung einer Kontroll-PCR mit „funktionierenden" PCR-Systemen.

- Überprüfen der korrekten Annealing-Temperatur.
- Hatte der Thermocycler einen Ausfall? Gegebenenfalls Thermocycler-Profil ausdrucken lassen.

Nach der Amplifikation wurde ein Bandenschmier festgestellt:

- Annealing-Temperatur in 1,0 °C-Schritten erhöhen.
- Dem PCR-Ansatz bis zu 10 % DMSO oder 5 % Formamid zusetzen.
- Weniger Matrize einsetzen.
- Überprüfen, ob die eingesetzten Oligonucleotide mehrmals an die Matrize binden, indem jeweils eines dieser Moleküle in der PCR eingesetzt wird.
- Sicherstellen, dass nach den PCR-Zyklen eine mindestens 10 minütige Extensionszeit angeschlossen wurde.
- Reduktion oder Erhöhung der Ausgangsmatrize in 5 ng Schritten.
- Sicherstellen, dass nur sterile Lösungen und Reaktionsgefäße eingesetzt werden.
- Überprüfen, ob die Elongationszeit ausreichend für die PCR (ca. 1 min pro 1000 bp) ist.
- Erhöhen folgender Parameter/Konzentrationen: $MnAc_2$ bzw. $MgCl_2$ in 0,5 mM Schritten; PCR-Zyklen bis 35 Zyklen; Enzymkonzentration in 0,5 u Schritten; Oligonucleotidquantität in 5 pmol Schritten und RT-Temperatur in 2 °C Schritten.

PCR als Detektionsmethode

Hans-Joachim Müller, Daniel Ruben Prange

H.-J. Müller, D.R. Prange, *PCR – Polymerase-Kettenreaktion,*
DOI 10.1007/978-3-662-48236-0_3, © Springer-Verlag Berlin Heidelberg 2016

3.1   Einleitung

Die Sensitivität der PCR ist sehr hoch, weshalb minimale Mengen (< 1 pg) an Matrizen (DNA oder RNA) für eine erfolgreiche Amplifikation ausreichen. Mit Hilfe dieser Technik lassen sich aus einer einzigen Zelle die verschiedensten Nucleinsäuren detektieren und vervielfältigen. Gerade im Bereich der diagnostischen Anwendungen sowie in der forensischen Medizin hat sich die PCR als das effektivste Detektionswerkzeug zum Nachweis bestimmter Genotypen erwiesen (▶ Kap. 23). Es gibt heutzutage keine Früherkennung genetischer Defekte, keinen Vaterschaftstest sowie einen aussagekräftigen Vergleich zwischen einer Haarprobe, Sputum oder des Vollbluts bestimmter Individuen, ohne dass die PCR ihren Einsatz findet.

Bei der Detektions-PCR kommt es nur auf die genaue Größe des erwartenden PCR-Fragmentes an, ohne das Rücksicht auf geringe unspezifische Amplifikationen sowie Punktmutationen in den PCR-Fragmenten genommen wird (◘ Abb. 3.1). Als Matrize können sowohl Plasmide, einzelne Zellen, Gewebeextrakte, genomische DNA, als auch RNA dienen.

3.2   Sensitivität

Mit Hilfe der PCR können sehr wenige Nucleinsäuremoleküle in Volumina zwischen 1 µl und 100 µl Reaktionsansatz nachgewiesen werden. Es lässt sich allerdings keine Standardaussage über die optimale

Matrizenmenge erstellen, da der Erfolg einer PCR wie bereits erwähnt durch das Zusammenspiel aller PCR-Komponenten (Matrize, Oligonucleotide, Polymerase, dNTPs etc.) abhängig ist. Gerade bei der PCR kann es vorkommen, dass sich 10 ng genomische DNA als ungeeignet gegenüber einer geringeren Menge (z. B. 1 ng) für ein bestimmtes Oligonucleotidpaar erweisen, wohingegen bei Verwendung anderer Oligonucleotide eher höhere Konzentrationen (z. B. 100 ng) optimaler sind. Das gleiche gilt auch für die RT-PCR, bei welcher es ebenfalls zu dramatischen Unterschieden nur aufgrund differenter Oligonucleotidpaare kommen kann (▶ Kap. 11).

In ◘ Tab. 3.1 ist die Variationsspanne hinsichtlich der einzusetzen Matrizenmengen zu entnehmen.

3.3   DNA-Polymerasen

Für die Detektions-PCR werden hochprozessive DNA-Polymerasen eingesetzt. Diese Enzyme sollen auch bei geringsten Ausgangsmengen in der Lage sein, das gewünschte PCR-Fragment derart zu vervielfältigen, dass eine verlässliche Gelanalyse möglich ist. Weiterhin ist es erforderlich, dass diese DNA-Polymerasen gegenüber Puffer- sowie Konzentrationsschwankungen stabil sind. Viele Hersteller und Anbieter thermostabiler DNA-Polymerasen verfügen über rekombinante und hochreine Enzyme in stabilisierenden Puffern, sodass es möglich ist, ohne Verlust der Enzymaktivität die thermostabilen DNA-Polymerasen bei Raumtemperatur auszuliefern. Generell wird aber eine Lagerung dieser Proteine bei –20 °C empfohlen, damit etwaige Kontaminationen durch häufiges Öffnen der Stocklösungen unterbunden werden.

Eine Auswahl der hochprozessiven DNA-Polymerasen sollte nach folgenden Kriterien getroffen werden:

- **Geeignete DNA-Polymerasen für die Detektions-PCR**
- Toleranz gegenüber Puffer- und Konzentrationsschwankungen

◘ **Tab. 3.1** Empfohlene Quantitätsbandbreite bei verschiedenen PCR-Matrizen

Matrize	Mindestmenge	Maximalmenge
Genomische DNA	1 ng	100 ng
Plasmid DNA	1 pg	1 ng
PCR-Fragmente	10 fg	1 pg
Gesamt-RNA	0,5 µg	5 µg
mRNA	1 ng	200 ng

- Hohe Aktivität bei optimaler Elongationstemperatur
- Niedrige Aktivität bei Raumtemperatur
- Günstiger Preis

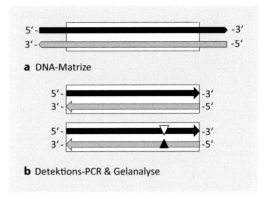

a DNA-Matrize

b Detektions-PCR & Gelanalyse

❏ **Abb. 3.1** Schematische Darstellung einer Detektions-PCR.
a Entscheidend für diese PCR ist die Sensitivität der Nachweisgrenze sowie die erwartete Fragmentgröße (*Rechteck*) in einer gelelektrophoretischen Auftrennung.
b Punktmutationen (*schwarzes und weißes Dreieck*), die während der PCR in verschiedene Fragmente eingebaut werden, weisen keine unterschiedliche Größe gegenüber der erwarteten Fragmentgröße aus

PCR als Klonierungsmethode

Hans-Joachim Müller, Daniel Ruben Prange

H.-J. Müller, D. R. Prange, *PCR – Polymerase-Kettenreaktion*,
DOI 10.1007/978-3-662-48236-0_4, © Springer-Verlag Berlin Heidelberg 2016

Die PCR lässt sich sehr gut für die verschiedensten Klonierungen nutzen (▶ Kap. 5). Durch die Konstruktion geeigneter Oligonucleotide kann jedes PCR-Fragment derart modifiziert werden, dass eine Klonierung in fast jeden Vektor ermöglicht wird. Im Prinzip sind alle DNA-Polymerasen für die Herstellung relevanter Genabschnitte und deren anschließende Klonierung geeignet. Auch hier muss vorab die Frage nach dem eigentlichen Ziel der Klonierung gestellt werden. Soll eine Detektions-PCR durchgeführt werden (▶ Kap. 3), so ist eine fehlerfreie Amplifikation des gewünschten Genbereichs nicht zwingend erforderlich, aber falls die PCR-Fragmente z. B. für die spätere Proteinexpressionen oder SNP-Analysen erforderlich sind, dann muss für die PCR eine lesegenaue Polymerase eingesetzt werden, da diese Enzyme eine $3' \rightarrow 5'$ Exonucleaseaktivität aufweisen, die aufgrund der Erkennung falsch eingebauter Nucleotide diese wieder entfernen und durch die korrekten Nucleotide ersetzen. Man nennt diese DNA-Polymerasen „Proofreading"- bzw. „High-Fidelity"-Enzyme (Lundberg et al. 1991).

4.1   Lesegenauigkeiten

Werden bei einer PCR sehr ungünstige Parameter (z. B. > 40 Zyklen) und Konzentrationen der einzelnen Komponenten (z. B. > 3 mM $MgCl_2$) eingesetzt, kann es bei Verwendung einer zwar hochprozessiven aber leseungenauen Polymerase dazu kommen, dass ein Nucleotid in jeweils 500 bp Abschnitten falsch eingebaut wurde. Dies hätte dramatische Auswirkungen auf die Funktionalität eines klonierten und rekombinant exprimierten Proteins (▪ Abb. 4.1). Weiterhin ließen sich mit solch einer PCR keine gesicherten Aussagen bezüglich des Nachweises von Punktmutationen (z. B. in der SNP- oder HLA-Analyse) treffen.

Die Häufigkeit eines falsch eingebauten Nucleotides beträgt innerhalb der Bakterienzelle $2{,}0 \times 10^{-5}$ Nucleotide für die *Taq*-DNA-Polymerase und $1{,}6 \times 10^{-6}$ Nucleotide für die Proofreading-Enzyme (Lundberg et al. 1991). Diese geringen Werte können in der artifiziellen PCR mit bis zu 30 Zyklen nicht erreicht werden, sodass für hochprozessive

Polymerasen unter schlechten PCR-Bedingungen mit einer Fehlerrate von 2×10^{-3} (1 in 500 Basen) Nucleotiden gerechnet werden kann.

4.2   Proofreading-Polymerasen

Im Gegensatz zu den anderen Polymerasen weisen die Proofreading-Enzyme (▪ Tab. 4.1) eine ca. achtfach höhere Lesegenauigkeit auf (Lundberg et al. 1991). Allerdings erfordert die Überprüfung und der Austausch der falsch eingebauten Nucleotide etwas Zeit, sodass diese DNA-Polymerasen eine geringere Prozessivität besitzen. Werden sowohl eine hohe Prozessivität als auch eine höhere Lesegenauigkeit in der PCR benötigt, dann lassen sich auch Mixe aus z. B. *Taq*-und *Pwo*-DNA-Polymerasen einsetzen. Diese Mixe besitzen eine ca. dreifach höhere Lesegenauigkeit und eine etwas höhere Prozessivität als die herkömmliche *Taq*-DNA-Polymerase. Die PCR-Bedingungen können wie unten beschrieben eingesetzt, aber es sollten die spezifischen Angaben entsprechend des Hersteller-Datenblattes eingehalten werden.

Eine umfassende Übersicht vieler unterschiedlicher thermostabiler DNA-Polymerasen mit Firmennachweis wurde im Laborjournal (03/2011) vorgestellt.

- **Materialien**
  - 0,5 ml sterile Reaktionsgefäße
  - 10x Reaktionspuffer-Komplett (z. B. 500 mM Tris-HCl (pH 9,1), 150 mM $(NH_4)_2SO_4$, 15 mM $MgCl_2$)
  - H_2O bidest.
  - Matrize (1–100 ng/µl)
  - 5′-Oligonucleotid (50 pmol/µl)
  - 3′-Oligonucleotid (50 pmol/µl)
  - dNTP-Mix (40 mM)
  - Proofreading-DNA-Polymerase (1–2,5 u/µl)

- **Durchführung**
  - **Pipettierschema für 50 µl Endvolumen**
  - 5,0 µl: 10x Reaktionspuffer-Komplett
  - xx µl: H_2O bidest.
  - 1,0 µl: 5′-Oligonucleotid
  - 1,0 µl: 3′-Oligonucleotid

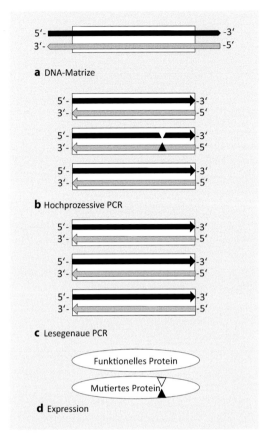

a DNA-Matrize

b Hochprozessive PCR

c Lesegenaue PCR

Funktionelles Protein

Mutiertes Protein

d Expression

❏ **Abb. 4.1** Vergleich zwischen einer hochprozessiven und lesegenauen PCR. **a** Ausgehend von der Ziel-DNA wird das entsprechende Fragment (*weißes Rechteck*) durch die PCR amplifiziert. **b** Hochprozessive Polymerasen bauen mehr Punktmutationen (*schwarzes und weißes Dreieck*) in die Amplifikate ein. **c** Die lesegenauen DNA-Polymerase korrigieren die falsch eingebauten Nucleotide, sodass keine oder kaum Punktmutationen während der Amplifikation inseriert werden. **d** Durch eine Agarosegelelektrophorese ist dieser Fehler nicht nachweisbar, aber nach Klonierung und Expression des rekombinanten Proteins (*weiße Ellipse*) kann im ungünstigen Fall ein deutlicher Unterschied festgestellt werden

═ 2,0 µl: Matrize (0,1–100 ng)
═ 2,0 µl: dNTP-Mix (Endkonzentration 400 µM pro dNTP)
═ xx µl: Proofreading-DNA-Polymerase (Endkonzentration 1–2 u)

▪▪ **PCR Programm**
═ 1. Schritt: 5 min/95 °C
═ 2. Schritt: 30 sek/95 °C

❏ **Tab. 4.1** Auswahl verschiedener Proofreading-DNA-Polymerasen

DNA-Poly-merase	amplifiziert bis	Anbieter
Phusion	~15.000 bp	Life Technologies
Pwo-Pol	~15.000 bp	Roche
Pfu Pol	~15.000 bp	Promega
Vent Pol	~15.000 bp	New England Biolabs
Deep Vent Pol	~8200 bp	New England Biolabs
Taq/Pwo-Mix	~40.000 bp	diverse

═ 3. Schritt: 30 sek/50–60 °C[1]
═ 4. Schritt: 1 min/68–72 °C
═ 25 Zyklen: Schritte 2–4
═ 5. Schritt: 10 min/68–72 °C
═ 6. Schritt: 4 °C/t = ∞

▪ **Troubleshooting**
▪▪ **Allgemeines Troubleshooting (► Abschn. 2.5)**
Kein Amplifikat erhalten, oder unspezifische Banden:

═ Bei Primern mit Fehlbasenpaarungen (Wobble Primer) ist es essentiell, dass die Proofreading-DNA-Polymerase erst kurz vor dem PCR-Start hinzupipettiert wird, da die Primer anderenfalls degradiert werden.
═ Vermeiden, dass der PCR-Ansatz für längere Zeit (>15 min) z. B. nach den PCR-Zyklen bei RT oder 4 °C gelagert wird.

---

1   Diese Temperatur ist sehr stark von dem Tm-Wert der eingesetzten Oligonucleotide abhängig! Die einzelnen Tm-Werte der verschiedenen Oligonucleotidpaare sollten bei der gewählten Annealing-Temperatur gleich gut binden.

Literatur

Rasende Ketten-Verlängerer. Laborjournal (2011) 03: 63. www.
     laborjournal.de/rubric/produkte/products_11/LjPr-11-03.
     pdf
Lundberg KS et al (1991) High-fidelity amplification using a
     thermostable DNA polymerase isolated from Pyrococcus
     furiosus. Gene 108:1–6

PCR für die Standard-Klonierung

Hans-Joachim Müller, Daniel Ruben Prange

H.-J. Müller, D.R. Prange, *PCR – Polymerase-Kettenreaktion*,
DOI 10.1007/978-3-662-48236-0_5, © Springer-Verlag Berlin Heidelberg 2016

In diesem Kapitel steigen wir in die Tiefen der Molekularbiologie ab. Eine umfassende Beschreibung der eingängigen molekularbiologischen Methoden kann in der Reihe „Der Experimentator: Molekularbiologie/Genomics“ nachgelesen werden (Mühlhardt 2013).

In diesem Kapitel liegt der Fokus bei der Klonierung von PCR-Fragmenten und eine Standard-Klonierung beinhaltet den Einsatz von Restriktionsenzymen, um geeignete DNA-Enden zu generieren, die wiederum mit einem Vektor kompatibel sind. Diese Enden können einen 5′-Überhang, 3′-Überhang oder aber ein glattes Ende „Blunt-end“ aufweisen. Die zu klonierenden DNA-Fragmente „Inserts“ mit dem letztgenannten Ende sind sehr schwer zu ligieren, da das Anlagerungsereignis zwischen Vektor und Insert sehr kurzfristig und selten ist. Im Gegensatz dazu lassen sich die sogenannten „klebrigen Enden“ „Sticky-ends“ der 5′- oder 3′-Überhänge sehr viel effektiver in einen vorbehandelten Vektor einbringen. Üblicherweise werden DNA-Fragmente, die z. B. durch cDNA-Banken generiert wurden, aus verschiedenen Vektoren mit geeigneten Restriktionsenzymen herausgeschnitten und daraufhin in die gewünschten Vektoren re-kloniert. Diese Verfahren sind zeitaufwendig und lassen sich nicht immer optimal einsetzen. Ein schnellerer und flexiblerer Weg der Klonierung mit Restriktionsenzymen kann durch die PCR erreicht werden. Hierbei müssen die Oligonucleotide derart konstruiert werden, dass sowohl am 5′- als auch am 3′-Ende des PCR-Amplifikates eine spezifische Schnittstelle für Restriktionsenzyme eingefügt wird. Sinnvoll ist es, zwei unterschiedliche Schnittstellen zu nutzen, da so eine richtungsorientierte Klonierung ermöglicht wird (◘ Abb. 5.1). Weiterhin muss genau an dieser Stelle entschieden werden, ob die PCR mit einer Proofreading-DNA-Polymerase durchgeführt werden soll oder nicht.

5.1 Vorbereitung der PCR-Amplifikate für den Restriktionsverdau

Ziel dieser Versuchsreihe ist die Klonierung des PCR-Amplifikates via Sticky-ends oder Blunt-ends in einem vorbehandelten Vektor. Die PCR-Amplifikate werden vorab durch Verwendung der konstruierten Oligonucleotide vervielfältigt, gereinigt und anschließend wird eine spezifische Hydrolyse mit den erforderlichen Restriktionsenzymen durchgeführt.

In Abhängigkeit der verwendeten DNA-Polymerase (hochprozessiv oder lesegenau) sowie des eingesetzten PCR-Systems (Matrize und Oligonucleotid) kann die Quantität der Amplifikate ca. 3 bis 20 µg DNA in 100 µl PCR-Volumen betragen. Für den Restriktionsverdau reichen 1–2 µg des Amplifikates vollkommen aus. Bei der Ligation werden anschließend nur noch 150–500 ng des hydrolysierten PCR-Fragmentes benötigt.

5.2 Restriktionsverdau

- **Material**
  - 1,5 ml sterile Reaktionsgefäße
  - 10x Restriktionsenzym-Reaktionspuffer (wird vom Anbieter bereitgestellt)
  - gereinigte PCR-Produkte (~ 0.2 µg/µl)
  - zirkulärer Vektor (0,5 µg/µl)
  - H_2O bidest.
  - Restriktionsenzym A (10 u/µl)
  - ggf. Restriktionsenzym B (10 u/µl)
  - 5x Stopp-Puffer

5.2.1 Hydrolyse des PCR-Amplifikates

- **Durchführung**
- **Pipettierschema für 20 µl Endvolumen**
  - 2,0 µl: 10x Restriktionsenzym-Reaktionspuffer
  - 10 µl: gereinigtes PCR-Produkt (~ 2 µg)
  - xx µl: H_2O bidest. add 20 µl
  - 1,0 µl: Restriktionsenzym A (10 u/µl)
  - 1,0 µl: ggf. Restriktionsenzym B (10 u/µl)
  - 1 h bei 37 °C oder 2 h bei RT

◘ **Abb. 5.1** Beispiel zur Konstruktion zweier Oligonucleotide. **a** Gegeben ist eine bestimmte DNA-Sequenz. **b** Am 5′-Ende des Amplifikates soll eine *EcoRI* (*unterstrichen*) Restriktionsschnittstelle inseriert werden. Üblicherweise werden mindesten drei Nucleotide (*hier CCC*) vor der Restriktionsschnittstelle eingebaut, damit das Restriktionsenzym die jeweilige Restriktionsschnittstelle binden kann. **c** Für das 3′-Ende des Amplifikates soll eine BamHI-Restriktionsschnittstelle (*unterstrichen und kursiv*) inseriert werden

```
5′-ATGCACGGGTGTC..............CCCTAGATCTTAGG-3′
3′-TACGTGCCCACAG..............GGGATCTAGAATCC-5′
```

a Zu amplifizierende Gensequenz

```
5′-CCC GAATTC ATGCACGGGTGTC..............CCCTAGATCTTAGG-3′
3′-GGGCTTAAG TACGTGCCCACAG..............GGGATCTAGAATCC-5′
```

b *EcoRI* 5′-Oligonucleotid

```
5′-CGCGGATCCCCTAAGATCTAGGG..............CTGTGGGCACGTA-3′
3′-GCGCCTAGGGGATTCTAGATCCC..............GACACCCGTGCAT -5′
```

c *BamHI* 3′-Oligonucleotid

5.2.2 Hydrolyse des Vektors

- **Durchführung**
- ■ **Pipettierschema für 20 μl Endvolumen**
- 2,0 μl: 10x Restriktionsenzym-Reaktionspuffer
- 4,0 μl: zirkulärer Vektor (~ 2 μg)
- xx μl: H$_2$O bidest. add 20 μl
- 1,0 μl: Restriktionsenzym A (10 u/μl)
- 1,0 μl: ggf. Restriktionsenzym B (10 u/μl)
- 1 h bei 37 °C oder 2 h bei RT

5.2.3 Dephosphorylierung des Vektors

Falls für die Klonierung nur eine Restriktionsenzym-Erkennungssequenz eingesetzt wird, muss der entsprechend geschnittene Vektor weiter behandelt werden, damit dieser nicht wieder mit sich selbst re-ligieren kann. Eine Re-Ligation des Vektors reduziert die Transformationseffizienz dramatisch, weshalb das 5′-Phosphat auf beiden Seiten des linearisierten DNA-Vektors entfernt wird.

- **Material**
- z. B. Kälberdarm-alkalische-Phosphatase (Calf-Intestine-Alkalic-Phosphatase (CIP), 10 u/μl) (Promega)
- CIP 10x Reaktionspuffer
- 0,5 M EDTA
- 2 μg linearisierter Vektor
- H$_2$O bidest.
- 5x Stopp-Puffer

- **Durchführung**
- Enzyminaktivierung der Restriktionsansätze für 5 min bei 70 °C
- Kurze Zentrifugation (13.000 upm/30 sek) und auf Eis stellen.
- Proben jeweils mit 10 μl CIP 10x Reaktionspuffer versetzen und den Dephosphorylierungsansatz mit H$_2$O bidest. auf 98 μl auffüllen.
- Dem Ansatz 2 μl CIP Enzym hinzufügen.
- Probe für 20–30 min bei 37 °C inkubieren. Im Falle einer Blunt-end Klonierung zusätzliche 5 min bei 56 °C belassen.
- 2 μl EDTA hinzupipettieren und CIP bei 70 °C für 5 min hitzeinaktivieren.
- Ansatz kurz anzentrifugieren und dephosphorylierte DNA reinigen.

5.2.4 Agarosegelelektrophorese

Die Analyse von doppel- und einzelsträngigen Nucleinsäuren findet i. d. R. mit Hilfe einer Agarosegelelektrophorese statt. Nucleinsäuren sind wegen ihres Phosphatrückrades negativ geladen und wandern in einem elektrischen Feld zur positiv geladenen Anode. Um ein definiertes Wanderungsverhalten (Migration) der Nucleinsäuremoleküle erreichen zu können, werden diese durch eine gelartige Matrix (Agarose oder Polyacrylamid) separiert. Die Matrix weist eine von ihrer Konzentration abhängige Netzstruktur auf, weshalb kleinere Nucleinsäuremoleküle schneller durch das Gel migrieren. Agarosegele sind die in der Molekularbiologie am häufigsten verwendeten Gele zur Auftrennung von Nucleinsäuren (ausführlich nachzulesen bei Martin 1996).

In den Agarosegelen sind die Nucleinsäuren *per se* nicht sichtbar. Aus diesem Grunde muss die Nucleinsäure angefärbt werden. Hierfür werden z. B. Ethidiumbromid oder (selten) Propidiumjodid eingesetzt, welche durch Anregung mit UV-Licht (260–360 nm) fluoreszieren. Diese Substanzen werden zwischen den Basenpaarungen in die Doppelhelix eingebaut (interkaliert), sodass die Nucleinsäuren unter UV-Anregung längerwelliges Licht (~ 590 nm) emittieren und dadurch sichtbar gemacht werden können. In der Regel verwendet man Ethidiumbromid als Interkalator. Das Detektionslimit liegt bei 2–5 ng dsDNA, wohingegen ssDNA und RNA weniger intensiv gefärbt werden.

Allerdings gibt es auch andere interkalierende Substanzen, die weitaus nicht so „ungesund" wie das Ethidiumbromid sind. Probieren Sie es mal mit Midori Green Advanced (Biozym GmbH oder Nippon Genetics Europe GmbH) oder GelRED (GeneOn). Es leuchtet auch ganz schön!

▪ **Material**
- DNA-Größenmarker versetzt mit 1x Stopp-Puffer (0,1 µg/µl)
- 10x TBE: 1 M Tris-Base, 0,85 M Borsäure, 0,01 M EDTA
- Ethidiumbromid (10 mg/ml) oder alternativ Midori Green Advanced (1 ml)
- Agarose (Peqlab)
- 5x Stopp-Puffer
- Agarosegelkammer & Power Supply

▪ **Durchführung**
- Für die Auftrennung der hydrolysierten DNA-Fragmente eignen sich Agarosegele in einer Endkonzentration zwischen 0,8–1,0 %.
- 1 g Agarose wird in 100 ml 1x TBE Puffer aufgekocht, auf 65 °C abgekühlt und in gelöster Form nach Zugabe von Ethidiumbromid (Endkonzentration: 1 µg/ml) oder 5 µl Midori Green Advanced auf 100 ml Agarose in den Gelträger gegossen.
- Es werden 0,5 µg der DNA-Proben vor dem Auftragen mit 1/5 Volumen 5x Stopp-Puffer versetzt,

- 5 min auf 65 °C erwärmt und entweder auf Eis bereitgestellt oder direkt auf das Gel aufgetragen.
- Als DNA-Größenstandard werden z. B. in die erste und letzte Spur jeweils 10 µl (= 1,0 µg) DNA-Marker pipettiert.
- Die Elektrophorese erfolgt bei 70–80 V für ca. 30–45 min.
- Nach vollendeter Separation der DNA-Fragmente wird das Gel auf einem Transilluminator fotografiert und die Quantität abgeschätzt oder mithilfe geeigneter Spektralphotometer genau gemessen. Diese Abschätzung kann durch einen Vergleich mit einer bestimmten Marker-Bande erfolgen. Setzt man z. B. 1 µg Marker-DNA ein und der Marker hat 10 Banden, dann sollte nach „Adam Riese" jede Bande 100 ng enthalten.

5.3 Ligation

Durch die Ligation werden zwei passende DNA-Enden kovalent miteinander verknüpft. Die Verknüpfung wird durch ein DNA-Ligase-Enzym katalysiert, wobei in fast 100 % aller Ligationen die T4-DNA-Ligase aus dem T4-Phagen eingesetzt wird (Weiss et al. 1968). Für eine erfolgreiche Ligation ist es essentiell, dass die zu verknüpfenden DNA-Fragmente zueinander passen. Generell wird zwischen einer Sticky-end- und Blunt-end-Ligation unterschieden. Sticky-ends können aus einem oder mehr als zehn überhängenden Nucleotideinzelsträngen bestehen. Miteinander zu ligierende Überhänge müssen eine Basenpaarung eingehen können. Bei glatten Enden kommt es zu keiner Basenpaarung, weshalb alle Blunt-ends miteinander verknüpft werden können. Essentiell für jede Ligation ist es, dass die 5′-Enden bei zumindest eines der beteiligten DNA-Fragmente phosphoryliert sind.

▪ **Als Faustregel sollte gelten:**
1. fünf- bis zehnfacher molarer Überschuss des Inserts gegenüber dem Vektor einsetzen.
2. 10–20 µl Reaktionsvolumen.
3. 250–500 ng DNA-Gesamtgehalt.
4. nicht mehr als 1–3 u T4-DNA-Ligase.
5. 0,5–1.5 mM ATP.
6. 1 h bei 37 °C, 2 h bei RT oder über Nacht bei 12–14 °C.

■ Errechnung der molaren Verhältnisse:

$$\frac{\text{ng des Vektors} \times \text{kb Größe des Inserts}}{\text{kb Größe des Vektors}}$$
$$\times \frac{\text{Molares Verhältnis Insert}}{\text{mol Vektor}} = \text{ng Insert}$$

Beispiel: Es soll ein fünffacher Überschuss des 2100 bp Inserts zu einem 2960 bp Vektor eingesetzt werden!

$$\frac{50\,\text{ng Vektor} \times 2100\,\text{bp Insert}}{2960\,\text{bp Vektor}} \times 5/1$$

$$= 177\,\text{ng Insert}$$

5.3.1 Sticky-end-Ligation

Die Sticky-end-Ligation ist relativ effektiv, da aufgrund der Basenpaarungen zwischen den kompatiblen Überhängen eine ausreichende Verweildauer beider DNA-Enden gegeben ist, sodass die Ligase genügend Zeit bekommt eine kovalente Verknüpfung zwischen beiden Fragmenten herzustellen.

■ Material
- 1,5 ml sterile Reaktionsgefäße
- hydrolysierter und ggf. dephosphorylierter Vektor (0,05 µg)
- hydrolysiertes PCR-Fragment
- 10x T4-DNA-Ligase Reaktionspuffer „Sticky-end" (z. B. 0,5 M Tris-HCl (pH 7,4), 0,1 M MgCl$_2$, 0,1 M DTT, 10 mM Spermidin, 1 mg/ml BSA)
- H$_2$O bidest.
- ATP (10 mM)
- T4-DNA-Ligase (1 u/µl)

■ Durchführung
■■ Pipettierschema für 20 µl Endvolumen
- 2,0 µl: 10x Reaktionspuffer „Sticky-end"
- x µl: geschnittener Vektor (0,05 µg)
- x µl: Insert, z. B. 5x Überschuss
- x µl: H$_2$O bidest.
- 3,0 µl: ATP (10 mM)
- 1,0 µl: T4-DNA-Ligase (1 u/µl)
- 1 h/37 °C oder 2 h/RT

5.3.2 Blunt-end-Ligation

Bei der Blunt-end-Ligation ist die Wahrscheinlichkeit relativ gering, dass die jeweiligen glatten Enden solange aneinander „schweben" bis die Ligase dieses erkennt und eine Phosphodiesterbindung zwischen beiden Strängen synthetisiert. Damit die Mobilität der DNA-Fragmente reduziert wird, ist es erforderlich die Viskosität der Reaktionslösung zu erniedrigen. Dies wird durch Zugabe von z. B. Glycerin oder PEG-6000 sowie durch Erniedrigung der Reaktionstemperatur erreicht.

■ Material
- 1,5 ml sterile Reaktionsgefäße
- hydrolysiertes und ggf. dephosphorylierter Vektor (0,05 µg)
- hydrolysiertes PCR-Fragment
- 10x T4-DNA-Ligase Reaktionspuffer „Blunt-end" (z. B. 0,5 M Tris-HCl (pH 7,4), 12,5 mM Hexamin-Kobaltchlorid, 0,1 M MgCl$_2$, 0,1 M DTT, 10 mM Spermidin, 0,1 mg/ml BSA)
- H$_2$O bidest.
- ATP (10 mM)
- T4-DNA-Ligase (1 u/µl)

■ Durchführung
■■ Pipettierschema für 20 µl Endvolumen
- 2,0 µl: 10x Reaktionspuffer „Blunt-end"
- x µl: geschnittener Vektor (0,05 µg)
- x µl: Insert, z. B. 5x Überschuss
- x µl: H$_2$O bidest.
- 3,0 µl: ATP (10 mM)
- 1,0 µl: T4-DNA-Ligase (1 u/µl)
- 4 h/RT oder über Nacht bei 12–15 °C

5.4 Transformation von Bakterien

Die ligierte DNA ist nach Ligation für die Übertragung in die *E.coli*-Bakterienzellen vorbereitet. Dieser passive DNA-Transfer wird als Transformation oder Transfektion bezeichnet. Die Herstellung kompetenter Zellen ist unter ▶ Abschn. 5.4.1 dargestellt und beschreibt eine schnelle sowie einfache Methode nach Mandel und Higa (1970).

5.4.1 Herstellung CaCl$_2$-kompetenter *E.coli* Zellen

- **Material**
- z. B. JM109 Bakterien (Genotyp: *endA*1, *hsdR*17 (r$_k^-$m$_k^+$), *supE*44, *thi*, *relA*1, Δ(lac-proAB), [F', *tra*D36, *pro*AB, *lac*I^{q}ZΔM15])
- 1,5 ml sterile Reaktionsgefäße
- CaCl$_2$-Lösung (50 mM) in 10 mM Tris-HCl (pH 8,0)
- LB-Medium: 5 g Hefe-Extrakt, 10 g Trypton, 10 g NaCl gelöst in 1 Liter H$_2$O bidest., autoklaviert
- Glycerin oder Dimethylsulfoxid (DMSO)
- Flüssigstickstoff

- **Durchführung**
- 1 μl eines Glycerinbakterienstocks in 10 ml LB-Medium überführen und über Nacht bei 37 °C inkubieren.
- 1 ml der Übernachtkultur in 100 ml frisches LB-Medium (1:100) pipettieren und diese Flüssigkultur bis zu einer OD$_{550nm}$ von 0,3–0,5 bei 37 °C wachsen lassen.
- Anschließend Zellen bei 6000 *xg* in einem vorgekühlten (4 °C) Rotor für 10 min sedimentieren.
- Zellen auf Eis stellen und Medium dekantieren. Ab diesem Schritt müssen die Zellen immer < 4 °C gehalten werden!
- Zellpellet in 50 ml eiskalter 50 mM CaCl$_2$-Lösung resuspendieren und weitere 15 min auf Eis belassen.
- Nach einer weiteren Zentrifugation (10 min, 6000 *xg*, 4 °C) wird das Zellpellet in 10 ml (1/10 Volumen der Ausgangssuspension) eiskalter 50 mM CaCl$_2$-Lösung aufgenommen und für mindestens 2 h auf Eis belassen.
- Die Zellen sind anschließend „kompetent" und können direkt für die Transformation eingesetzt werden.
- Für eine längere Lagerung sollten diese in 300 μl Aliquots versetzt mit 15 % Glycerin oder 7 % DMSO in Flüssigstickstoff schockgefroren und bei −80 °C gelagert werden.
- Die Transformationseffizienz (ca. 10^7–10^8 Transformanten pro μg Plasmid-DNA (supercoiled)) der hier eingesetzten CaCl$_2$-Methode ist für die meisten Primärklonierungen völlig ausreichend.

5.4.2 Transformation

- **Material**
- Ligationsansätze
- Kontroll-Vektor (1,0 ng/μl)
- Kompetente Bakterien
- 1,5 ml sterile Reaktionsgefäße
- LB/Amp-Platten: 15 g Agar, 5 g Hefe-Extrakt, 10 g Trypton, 10 g NaCl gelöst in 1 l H$_2$O bidest. 100 μg/ml Ampicillin, autoklaviert
- LB-Medium: 5 g Hefe-Extrakt, 10 g Trypton, 10 g NaCl gelöst in 1 l H$_2$O bidest., autoklaviert
- LB/Amp-Medium inkl. 100 μg/ml Ampicillin
- X-Gal: 2 % gelöst in Dimethylformamid
- IPTG: 0,1 M gelöst H$_2$O bidest

Für Primärklonierungen, das heißt, die Transformation von Bakterien mit einem Ligationsmix, müssen hochkompetente Zellen (Transformationseffizienz ca. 10^7–10^8 Transformanten pro μg Plasmid-DNA) eingesetzt werden. Bakterien, die für die Proteinexpression verwendet werden (z. B. BL21(DE3) pLysS), weisen meist eine deutlich geringere Transformationseffizienz (< 5 × 10^6) auf, weshalb solche Zellen nicht für Primärklonierungen geeignet sind. Als Positiv-Kontrolle sollte ein „supercoiled" Vektor herangezogen werden.

- **Durchführung**
- Ligationsansätze kurz zentrifugieren (30 sek/13.000 upm).
- Kompetente Bakterien auf Eis auftauen.
- 0,5–2,0 μl des Ligationsansatzes in sterile 1,5 ml Reaktionsgefäße überführen und mit 50 μl kompetenter Zellen vermengen.
- Transformationsansatz für mindestens 1,5 h auf Eis (optimal sind 4 h) belassen.
- Ansätze nach der Inkubation kurz zentrifugieren.
- Ansätze genau 45 sek bei 42 °C inkubieren.
- Ansätze anschließend für 5 min auf Eis stellen.
- 400 μl LB-Medium ohne Antibiotikum hinzu pipettieren und die Zellen weitere 30–45 min bei 37 °C inkubieren.

- Darauffolgend werden die Zellen wieder auf Eis gestellt und jeweils 100 µl aus diesen Transformationsansätzen in sterile 1,5 ml Reaktionsgefäße überführt.
- Zu den Ansätzen für die Blau/Weiß-Selektion werden jeweils 40 µl X-Gal und 40 µl IPTG pipettiert und sofort vermengt.
- Der gesamte Ansatz wird auf vorgewärmte (37 °C) LB/Amp-Platten gleichmäßig mit z. B. sterilen Glasperlen ausplattiert.
- Die beimpften Platten werden kopfüber in einem Inkubator (37 °C) über Nacht (> 16 h) inkubiert.

5.4.3 Analyse rekombinanter Klone

Am darauffolgenden Tag werden die transformierten Bakterien analysiert, indem die Bakterienklone dahingehend untersucht werden, ob diese den entsprechenden Vektor inklusive Insert aufgenommen und vervielfältigt haben. Hierfür müssen aus den einzelnen Klonen Flüssigkulturen hergestellt, die Plasmide aus den Zellen isoliert, mit Restriktionsenzymen hydrolysiert und die DNA-Fragmente auf einem analytischen Agarosegel aufgetrennt werden.

5.4.3.1 Überimpfen der Übernachtkulturen

- **Material**
- Sterile Zahnstocher
- 5 ml sterile Zentrifugenröhrchen
- LB-Medium inkl. 100 µg/ml Ampicillin

- **Durchführung**
- Jeweils 3–10 weiße Kolonien mit den Zahnstochern von den einzelnen Platten picken und die koloniebehafteten Zahnstocher in 3 ml LB-Medium versetzt mit 100 µg/ml Ampicillin überführen.
- Die Zellen unter leichtem Schütteln (150 upm) bei 37 °C in einem Inkubationsschüttler inkubieren, bis eine OD_{550nm} von 0,6–1,0 erreicht ist (ca. 4 h).

5.4.3.2 Mini-Plasmidpräparation

Die „Ultrafast"-Minipräp-Methode stellt eine Modifikation der von Birnboim & Doly beschriebenen Methode zur Isolierung von Plasmid-DNA aus Bakterien dar (Birnboim und Doly 1979). Im Gegensatz zu dieser Methode wird bei der Ultrafast-Minipräp-Methode auf die Verwendung toxischer Substanzen (z. B. Phenol) verzichtet (Yie et al. 1993). Bei hoher Zeitersparnis durch die Ultrafast-Minipräp-Methode (< 10 min pro Probe) erhält man im Vergleich zur Birnboim & Doly-Methode (> 4 h) ebenfalls hochreine Plasmid-DNA im moderaten Maßstab (> 2 µg/ml Bakteriensuspension). Durch Zugabe von RNase A in Lösung I wird die bakterielle RNA während der Plasmid-Reinigung degradiert. Die mit der Ultrafast-Minipräp-Methode isolierte DNA ist für viele molekularbiologische Applikationen (Restriktionsverdaus, Sequenzierungen, PCR, etc.) sehr gut einsetzbar.

Auf dem Markt gibt es eine Vielzahl verschiedener Plasmidpräparationskits, die die Plasmidreinigung in jedem Maßstab erlauben und relativ einfach zu verwenden sind. Allerdings sind diese Kits nicht sehr kostengünstig, weshalb hier die konventionelle Methode vorgestellt wird, die gerade bei einer hohen Anzahl von Plasmidpräparationen immer noch eine kostensparende Alternative darstellt.

- **Material**
- Lösung I: 50 mM Glucose; 25 mM Tris-HCl (pH 8,0); 10 mM EDTA; RNAse A (100 µg/ml)
- Lösung II: 0,2 M NaOH; 1 % SDS
- Lösung III: kalt ansetzen → 60 ml 5 M K-Acetat + 28,5 ml H_2O + 11,5 ml Essigsäure
- 1,5 ml sterile Reaktionsgefäße
- Ethanol abs.

- **Durchführung**
- **Alle Schritte werden, wenn nicht anders erwähnt, auf Eis (0 °C) durchgeführt**
- 1 ml einer Übernacht-Kultur wird in ein 1,5 ml steriles Reaktionsgefäß überführt.
- Dieses wird für 1–2 min in einer Microzentrifuge (ca. 13.000 upm) zentrifugiert.
- Der klare Überstand wird vorsichtig dekantiert und das Bakteriensediment in 150 µl Lösung I resuspendiert.
- Zu dieser Bakteriensuspension werden 200 µl Lösung II hinzupipettiert und dieses durch mehrmaliges (drei bis fünfmal) Schwenken vermengt.

- Anschließend werden 150 µl Lösung III hinzupipettiert und dieses auch mehrmals (drei bis fünfmal) geschwenkt.
- Zum Präzipitieren des Zelldebris wird für 2 min zentrifugiert.
- Der Überstand (ca. 500 µl) wird quantitativ und qualitativ abgezogen und in ein neues Reaktionsgefäß überführt.
- Zu diesem klaren Überstand wird 1 ml Ethanol abs. pipettiert und nach Vermengen für 3–5 min bei Raumtemperatur (RT) inkubiert.
- Darauffolgend wird für 2 min zentrifugiert, der Überstand dekantiert, das DNA-Pellet 1x mit 1 ml 70 % Ethanol gewaschen und die DNA für 5–10 min bei RT oder 37 °C getrocknet.
- Abschließend wird das Pellet in 20 µl 1x TE oder H_2O bidest. resuspendiert.

5.4.3.3 Restriktionsverdau der isolierten Plasmide

Nach der Plasmidisolierung sollten ca. 1,5–2,0 µg Plasmid-DNA in den 20 µl vorhanden sein. Um zu überprüfen, ob eine erfolgreiche Klonierung bzw. die Insertion des DNA-Fragmentes bei den weißen Bakterien-Klonen durchgeführt wurde, muss das klonierte Insert mittels Restriktionshydrolyse aus dem Vektor herausgeschnitten werden. Für den Restriktionsverdau sind jeweils 5 µl (~ 300–400 ng Plasmid-DNA) in einem Endvolumen von 20 µl ausreichend.

- **Troubleshooting**

Keine Klone erhalten:
- Überprüfen, ob die Ligation erfolgreich war, indem 5–10 µl des Ligationsmixes gelelektrophoretisch aufgetrennt werden. Im Falle einer gelungenen Ligation müssen diverse Banden erkannt werden.
- Überprüfen, ob die Bakterien kompetent waren, indem supercoiled Plasmide (ca. 1 pg) für die Transformation eingesetzt werden.

Kein Insert erhalten:
- Überprüfen, ob das Insert mit sich selbst ligieren kann, indem der Ligationsansatz ohne Vektor wiederholt wird. Anschließend Ligationsmix gelelektrophoretisch auftrennen.
- Den Vektor nochmals dephosphorylieren.

Literatur

Birnboim HC, Doly J (1979) A rapid alkaline extraction procedure for screening recombinant plasmid DNA. Nucl Acids Res 7(6):1513–1523

Mandel M, Higa A (1970) Calcium dependent bacteriophage DNA infection. J Mol Biol 53:154–162

Martin (1996) Elektrophorese von Nucleinsäuren Reihe Focus. Spektrum Akad. Verl., Heidelberg, Berlin, Oxford

Mühlhardt C (2013) Der Experimentator – Molekularbiologie/ Genomics. Spektrum Akademischer Verlag, Heidelberg, Berlin, Oxford

Newton CR, Graham A (1997) PCR Reihe Focus. Spektrum Akad. Verl., Heidelberg, Berlin, Oxford

Nicholl DST (2002) Gentechnische Methoden Reihe Focus. Spektrum Akad. Verl., Heidelberg, Berlin, Oxford

Weiss B et al (1968) Enzymatic Breakage and Joining of Deoxyribouucleic Acid. J Biol Chem 243(17):4543–4555

Yie Y et al (1993) A simplified and reliable protocol for plasmid DNA sequencing: fast miniprep and denaturation. Nucl Acids Res 21(2):361

T/A-Cloning

Hans-Joachim Müller, Daniel Ruben Prange

H.-J. Müller, D. R. Prange, *PCR – Polymerase-Kettenreaktion*,
DOI 10.1007/978-3-662-48236-0_6, © Springer-Verlag Berlin Heidelberg 2016

Das T/A-Cloning basiert auf der Fähigkeit vieler thermostabiler DNA-Polymerasen an jedes 3′-Ende eines synthetisierten PCR-Fragmentes ein einzelnes überhängendes Nucleotid anzufügen (3′-Adenylierungsaktivität) (◻ Abb. 6.1) (Clarke et al. 1988). Präferentiell wird ein Adenosin-Nucleotid eingefügt, aber es können auch bei geringer dATP-Konzentration alle weiteren Nucleotide herangezogen werden.

Alle PCR-Fragmente mit einem A-Überhang lassen sich in einen linearisierten T-Überhang Vektor relativ leicht und ohne vorherige enzymatische Behandlung (z. B. Restriktionsverdau) ligieren (◻ Abb. 6.2), weshalb das T/A-Cloning eine schnellere und einfachere Methode gegenüber dem Restriktionsverdau sowie Blunt-end-Ligationen darstellt (Zhou et al. 1995). Zudem müssen keine speziell modifizierten Oligonucleotide konstruiert werden. Allerdings ist eine richtungsorientierte Klonierung nicht möglich, und es ist essentiell, dass die PCR-Fragmente unmittelbar nach der PCR für das T/A-Cloning eingesetzt werden, da eine Lagerung bei unterschiedlichen Temperaturen für mehrere Stunden eine Degradation des A-Überhanges verursacht. Dieses hat die Auswirkung, dass die Ligationseffizienz dramatisch reduziert wird.

Kommerziell können verschiedene T/A-Cloning Kits von z. B. Life Technologies, New England Biolab und Promega erworben werden. Generell kann aber fast jede thermostabile DNA-Polymerase mit den üblichen PCR-Parametern eingesetzt werden (◻ Tab. 6.1).

6.1   Herstellung der PCR-Fragmente

Sowohl die Komponenten als auch die Parameter bei der Detektions-PCR (▶ Kap. 3) und „Proofreading"-PCR (▶ Kap. 4) werden A-Überhänge generieren. Die lesegenauen Polymerasen sind nur zu ca. 50 % so effektiv wie die *Taq*-oder *Tth*-DNA-Polymerase bei dem Anfügen von A-Überhängen, wobei die anderen 50 % der PCR-Fragmente Blunt-ends aufweisen (Forrest et al. 2000).

■ **Durchführung**
▬ Die PCR mit den unterschiedlichen Polymerasen sollte den Herstellerangaben entsprechend durchgeführt werden.
▬ Eine generelle Empfehlung für die Standard-PCR ist unter ▶ Kap. 2 nachzulesen.

6.2   Ligation des PCR-Fragmentes mit einem T-Vektor

Als Beispiel eines T/A-Cloning Kits wird das pGEM®-T Easy Vector System der Fa. Promega herangezogen (Promega 2015). Eine ausführliche Beschreibung sowie Angaben der einzelnen Kitkomponenten ist dem Herstellerhandbuch zu entnehmen.

■ **Material**
▬ **pGEM®-T Easy Vector System (Promega)**
▬ 2x Rapid Ligation Buffer
▬ pGEM-T Vector (50 ng)
▬ Control-Insert-DNA
▬ T4-DNA-Ligase
▬ deionisiertes H_2O

Als erstes muss die Menge der einzusetzenden PCR-Fragmente bei Verwendung von 50 ng des Vektors pGEM-T bestimmt werden. Folgende Formel wird für die Errechnung eines molaren Verhältnisses von 3:1 (Insert:Vektor) herangezogen:

■ **Berechnung des molaren Verhältnisses**

$$?? \text{ ng PCR Produkt}$$
$$= \frac{2200 \text{ bp PCR Produkt} \times 50 \text{ ng pGEM-T}}{3000 \text{ bp pGEM-T}}$$
$$= 36{,}6 \text{ ng} \times 3 = 110 \text{ ng}$$

■ **Durchführung**
■ **Probenansatz T/A-Cloning**
■■   **Pipettierschema für 10 µl Endvolumen**
▬ 5,0 µl: 2x Rapid Ligation Buffer
▬ 1,0 µl: pGEM-T (50 ng/µl)
▬ xx µl: Insert (110 ng), 3x Überschuss

```
5'-   ATGCACGGGTGTC..............CCCTAGATCTTAGG  A -3'
3'- A TACGTGCCCACAG.............. GGGATCTAGAATCC    -5'
```

◻ **Abb. 6.1** Die 3'-Adenylierungsaktivät verschiedener DNA-Polymerasen verursacht das Anfügen eines präferentiellen Adenosins (*fett markiert*) an das 3'-Ende eines PCR-Fragmentes

```
T ATGCACGGGTGTC..............CCCTAGATCTTAGG  A
A TACGTGCCCACAG.............. GGGATCTAGAATCC  T
```

◻ **Abb. 6.2** Schematische Darstellung einer T/A-Klonierung. *Grauer Block*: Vektor, *Rechteck*: Insert

— xx μl: H$_2$O bidest.
— 1,0 μl: T4-DNA-Ligase (3 units)
— Ligationsansätze für 1–2 h bei RT inkubieren

- **Positivkontrolle T/A-Cloning**
- - **Pipettierschema für 10 μl Endvolumen**
— 5,0 μl: 2x Rapid Ligation Buffer
— 1,0 μl: pGEM-T (50 ng/μl)
— 2,0 μl: Control-Insert
— 1,0 μl: H$_2$O bidest.
— 1,0 μl: T4-DNA-Ligase (3 Weiss units)
— Ligationsansätze für 1–2 h bei RT inkubieren

Die Transformation wird entsprechend den Herstellerangaben für den T/A-Cloning Kit oder wie unter ▶ Abschn. 5.4 beschrieben durchgeführt.

6.3 Anfügen von A- oder T-Überhängen an linearisierte DNA-Fragmente

DNA-Fragmente, die keine 3'-Adenosin- oder Thymidin-Überhänge aufweisen, lassen sich mit Hilfe der thermostabilen DNA-Polymerasen für das T/A-Cloning vorbereiten (Marchuk et al. 1991; Ido und Hayami 1997). Hierfür werden die DNA-Fragmente (z. B. ältere PCR-Amplifikate, Blunt-end Vektoren) in Anwesenheit von dATP oder dTTP für 30 min bei 70–75 °C mit den DNA-Polymerasen inkubiert. Anschließend können die modifizierten Fragmente für das T/A-Cloning eingesetzt werden.

◻ **Tab. 6.1** Auswahl bekannter thermostabiler DNA-Polymerasen, die eine 3'-Adenylierungsaktivität aufweisen

DNA-Polymerase	3'-Adenylierungsaktivität
Taq-DNA-Polymerase	ja
Tth-DNA-Polymerase	ja
Pwo-DNA-Polymerase	~50 %
Pfu-DNA-Polymerase	~50 %

- **Material**
— Thermostabile DNA-Polymerase (5 u/μl)
— 10x Reaktionspuffer-Komplett
— dATP (10 mM)
— dTTP (10 mM)
— DNA-Fragment (Gesamtmenge 0,5–2,0 μg)
— H$_2$O bidest.
— sterile Reaktionsgefäße (0,5 ml/0,2 ml) mit Sicherheitsverschluss

- **Durchführung**
- - **Pipettierschema für 50 μl Endvolumen**
— add: 50 μl H$_2$O bidest.
— 5,0 μl: 10x Reaktionspuffer-Komplett
— xx μl: DNA-Fragment
— 4,0 μl: dNTP (Endkonzentration 800 μM)
— 0,5 μl: Thermostabile DNA-Polymerase
— Inkubation für 30 min bei 70–75 °C

- **Troubleshooting**

Keine Klone erhalten:

- Sicherstellen, dass die PCR-Fragmente direkt nach der PCR eingesetzt werden.
- Sicherstellen, dass der T-Vektor bzw. die PCR-Fragmente nicht eingefroren wurden. Ggf. bei linearisierten DNA-Fragmenten mit der *Taq*- oder *Tth*-DNA-Polymerase in Anwesenheit von dATP oder dTTP inkubieren.

Literatur

Forrest R et al (2000) 3′ Overhangs Influence PCR-SSCP Patterns. Biotechniques 29:958–962

Ido E, Hayami Y (1997) Construction of T-Tailed Vectors Derived from a pUC Plasmid: a Rapid System for Direct Cloning of Unmodified PCR Products. Biosci Biotechnol Biochem 61(10):1766–1767

Marchuk D et al (1991) Construction of T-vectors, a rapid and general system for direct cloning of unmodified PCR products. Nucl Acids res 19:1154

Promega (2015) Technical Manual: pGEM-T and pGEM-T Easy Vector System

Zähringer H (2014) DNA-Einbauhilfen. Laborjournal 11:66

Zhou MY et al (1995) Universal cloning method by TA strategy. Biotechniques 19:34–35

Ligase-unabhängige-Klonierung (LIC)

Hans-Joachim Müller, Daniel Ruben Prange

H.-J. Müller, D. R. Prange, *PCR – Polymerase-Kettenreaktion*,
DOI 10.1007/978-3-662-48236-0_7, © Springer-Verlag Berlin Heidelberg 2016

Bei dem Ligase-unabhängigen-Klonieren („Ligase-Independent-Cloning" = LIC) werden längere kompatible Einzelstrangüberhänge eingesetzt (Aslanidis und Jong 1990). Die Überhänge sind zwischen 10 und 15 Basen lang und werden i.d.R. durch die $3' \rightarrow 5'$ Exonucleaseaktivität der T4-DNA-Polymerase generiert (◘ Abb. 7.1a–d). Der Vorteil dieser Methode liegt darin, dass eine gerichtete und feste Basenpaarung zwischen Insert und Vektor innerhalb weniger Minuten stattfindet, ohne dass diese beiden DNA-Fragmente durch eine Ligase miteinander verknüpft werden müssen (◘ Abb. 7.1e). Vorteilhaft ist auch die Tatsache, dass die miteinander hybridisierten DNA-Fragmente direkt für die Transformation in Bakterien eingesetzt werden können. Nachteilig an dieser Methode ist die aufwendigere Herstellung des Vektors sowie die Synthese sehr langer Oligonucleotide für das zu klonierende PCR-Fragment, da mindestens 12–15 sequenzspezifische Nucleotide an das 3'-Ende des LIC-Oligonucleotides synthetisiert werden müssen (Sampath et al. 1997; Aslanidis et al. 1994). Außerdem ist das Angebot entsprechend behandelter Vektoren sehr klein, sodass die Flexibilität des LIC-Systems bei Verwendung kommerziell offerierter Vektoren sehr gering ist.

Als Beispiel dieser Methode ist nachfolgend eine allgemeine Versuchsdurchführung beschrieben.

7.1   Generierung der 5'-Überhänge

Die überhängenden Enden werden durch Inkubation des Vektors bzw. der PCR-Produkte mit der T4-DNA-Polymerase hergestellt. Folgende Ansätze werden auf Eis pipettiert!

- **Material**
- linearisierter LIC-Vektor (0,5 µg/µl)
- PCR-Produkt (0,5–0,1 µg/µl)
- T4-DNA-Polymerase (1 u/µl)
- 10x Reaktionspuffer (500 mM Tris-HCl (pH 8,.0), 50 mM MgCl$_2$, 0,5 mg/ml BSA)
- dTTP (40 mM)
- dATP (40 mM)
- DTT (50 mM)

7.1.1   3'-Exonucleasehydrolyse des LIC-Vektors

- **Durchführung**
- ■ **Pipettierschema für 50 µl Endvolumen**
- 5,0 µl: 10x Reaktionspuffer
- 1,0 µl: LIC-Vektor (~ 0,5 µg)
- 1,0 µl: dATP (800 µM)
- 1,0 µl: DTT (1 mM)
- add 49 µl mit H$_2$O bidest
- 1,0 µl: T4-DNA-Polymerase (1 u)

7.1.2   3'-Exonucleasehydrolyse des PCR-Produktes

- **Durchführung**
- ■ **Pipettierschema für 50 µl Endvolumen**
- 5,0 µl: 10x Reaktionspuffer
- xx µl: PCR-Produktes (gleiches bis doppeltes molares Verhältnis)
- 1,0 µl: dTTP (800 µM)
- 1,0 µl: DTT (1 mM)
- add 49 µl mit H$_2$O bidest
- 1,0 µl: T4 DNA-Polymerase (1 u)

- ■ **Inkubationsbedingungen**
- Inkubation der Ansätze für 30 min bei 30 °C
- Anschließend Hitzeinaktivierung der Polymerase bei 70 °C für 10 min
- Kurz anzentrifugieren und auf Eis bis zur weiteren Verwendung lagern

7.2   Hybridisierung der kompatiblen Enden

Zur Hybridisierung der kompatiblen Überhänge wird ein gleiches, molares Verhältnis bzw. die doppelte Anzahl des PCR-Inserts eingesetzt. Es sollten ca. 250–500 ng Gesamt-DNA-Gehalt für die Hybridisierung verwendet werden.

- **Material**
- 12,5 µl LIC-Vektor (~ 125 ng)
- 12,5 µl PCR-Produktes (gleiches bis doppeltes molares Verhältnis)

```
5'-CCGTTGCTGCCGTGGANNNNNNTGGCAACGGACACGAG-3'
3'-GGCAACGACGGCACCTNNNNNNACCGTTG CCTGTGCTC-5'


a

5'-CCGTTGCTGCCGTGGANNNNNNT-3'
                      3'-TNNNNNNACCGTTGCCTGTGCTC-5'

b

5'-nnnACCGTTGCTGCCGTGG-3'          5'-GGCAACGGACACGAGTnnn-3'
3'-nnnTGGCAACGACGGCACC-5'          3'-CCGT TGCCTGTGCTCAnnn-5'


c


5'-nnnA-3'                          5'-GGCAACGGACACGAGTnnn-3'
3'-nnnTGGCAACGACGGCACC-5'                            3'-Annn-5'


d

5'-nnnACCGTTGCTGCCGTGGANNNNNNTGGCAACGGACACGAGTnnn-3'
3'-nnnTGGCAACGACGGCACCTNNNNNNACCGT TGCCTGTGCTCAnnn-5'

e
```

◘ **Abb. 7.1** Schematische Darstellung der LIC-Klonierung. Ein linearisiertes DNA-Insert (**a**) wird mit der T4-DNA-Polymerase in Anwesenheit von dTTP vom 3'-Ende her degradiert (**b**). Solange die T4-DNA-Polymerase kein komplementäres dNTP einbauen kann, ist die 3'→5' Exonucleaseaktivität des Enzyms eingeschaltet. Sobald als Substrat ein komplementäres dNTP (z.B. dTTP) zur Verfügung steht und in Folge der Basenpaarungsregel an das freie 3'-Ende des degradierten Stranges eingebaut werden kann, schaltet die T4-DNA-Polymerase auf Polymeraseaktivität um, und fügt an das 3'-Ende das komplementäre Nucleotid (*hier: dTTP*) ein. Das Umschalten von 3'→5'-Exonuclease auf Polymeraseaktivität und zurück geschieht solange, bis kein dNTP mehr als Substrat vorhanden ist, oder die Reaktion gestoppt wird. **c** Ein linearisierter Vektor (*grau*) wird ebenfalls mit der T4-DNA-Polymerase in Anwesenheit von dATP degradiert (**d**). Es entstehen komplementäre Enden zum oben beschriebenem DNA-Fragment. **e** Die komplementären Überhänge beider Fragmente erlauben eine richtungsorientierte Klonierung ohne Verwendung von Ligasen und/oder Topoisomerasen. **NNN**: Sequenz des PCR-Fragmentes; nnn: Sequenz des Vektors

- **Durchführung**
  - Denaturierung der Proben bei 70 °C für 3 min.
  - Die Ansätze werden für 15–20 min bei RT belassen.
  - Anschließend die Proben kurz anzentrifugieren und direkt für die Transformation (► Abschn. 5.4) verwenden.

- **Troubleshooting**
  Keine Klone erhalten:
  - Längere Hybridisierungszeiten durchführen.
  - Die Quantität des Inserts erhöhen.
  - Gewährleisten, dass die T4-DNA-Polymerase vor Durchführung der Hybridisierung hitzeinaktiviert wurde.
  - Überprüfen, ob die Bakterien kompetent waren, indem supercoiled Plasmide (ca. 1 pg) für die Transformation eingesetzt werden.

Literatur

Aslanidis C, Jong PJ (1990) Ligation-independent cloning of PCR products (LIC-PCR). Nucl Acids Res 18(20):6069–6074

Aslanidis C et al (1994) PCR Methods Applic 4:1727

Sampath A et al (1997) Versatile vectors for direct cloning and ligation-independent cloning of PCR-amplified fragments for surface display on filamentous bacteriophages. Gene 190(1):5–10

Zähringer H (2014) DNA-Einbauhilfen. Laborjournal 11:66

7

UNG-Klonierung

Hans-Joachim Müller, Daniel Ruben Prange

H.-J. Müller, D.R. Prange, *PCR – Polymerase-Kettenreaktion*,
DOI 10.1007/978-3-662-48236-0_8, © Springer-Verlag Berlin Heidelberg 2016

Bei dieser Klonierungsart werden lange komplementäre Überhänge hergestellt, die ebenfalls ein „Klonieren" ohne den Einsatz von Ligasen erlauben. Basis dieser Methode ist die Aktivität der Uracil-DNA Glycosylase (UNG; auch als UDG häufig bezeichnet), welche die N-glycosidische Bindung zwischen Uracil und der Desoxyribose spaltet (Tomilin und Aprelikova 1989). Das Uracil muss als dUMP in die DNA eingebaut sein.

Durch die Synthese von sequenzspezifischen Oligonucleotiden, die anstelle des Thymidins ein Uracil aufweisen (◻ Abb. 8.1a), werden die Uracil-Reste der amplifizierten DNA-Fragmente (◻ Abb. 8.1b) durch die UNG entfernt, sodass keine Basenpaarung zwischen Uracil und Adenosin bestehen bleibt (◻ Abb. 8.1c). Dies verursacht die Entstehung von zwei komplementären Einzelsträngen (◻ Abb. 8.1d). Bei der Konstruktion der Oligonucleotide muss nicht notwendigerweise ein ausreichend langer 3′-Bereich des Oligonucleotides mit der zu amplifizierenden Sequenz zusätzlich synthetisiert werden (wie es z. B. für die LIC-Oligonucleotide erforderlich ist), da der Austausch des Thymidins mit dem Uracil trotzdem eine sequenzspezifische Anlagerung dieser Oligonucleotide an die Matrize gewährleistet. Anschließend können die verbleibenden 3′-Überhänge eine komplementäre Basenpaarung mit entsprechend vorbehandelten Vektoren (diese können z. B. von Life Technologies bezogen werden) hybridisiert und für die darauffolgende Transformation eingesetzt werden (◻ Abb. 8.1e).

Monomeres dUTP, 3′-endiges dUracil sowie Oligonucleotide, bei welchen biotinyliertes dUMP eingebaut wurde, werden von der UNG nicht gespalten (Lindahl *et al.* 1977).

Zur Herstellung der Uracil-Amplifikate darf keine Proofreading-DNA-Polymerase eingesetzt werden, da diese die dU-DNA mit hoher Affinität binden, sodass die Amplifikation inhibiert werden kann (Lasken et al. 1996).

8.1   Generierung der 3′-Überhänge

Die überhängenden 3′-Enden werden durch Inkubation der PCR-Produkte mit der Uracil-DNA-Glycosylase aus *E. Coli* direkt im PCR-Ansatz nach der Amplifikation generiert. Folgende Ansätze werden auf Eis pipettiert!

- **Material**
- linearisierter Vektor mit komplementären 3′-Überhangen (0,5 µg/µl) (z. B. Invitrogen)
- PCR-Produkt (0,5–0,1 µg/µl)
- Uracil-DNA-Glycosylase (1 u/µl) (NEB)

- **Durchführung**
- ■ **Pipettierschema für 50 µl Endvolumen**
- xx µl: PCR-Ansatz
- 2,0 µl: UNG[1]
- 1–10 min bei 20 °C
- Hitzeinaktivierung der UNG für 10 min bei 95 °C
- Kurz anzentrifugieren und auf Eis bis zur weiteren Verwendung lagern.

8.2   Hybridisierung der kompatiblen Enden

Zur Hybridisierung der kompatiblen Überhänge wird ein gleiches, molares Verhältnis bzw. die doppelte Anzahl des PCR-Inserts eingesetzt. Es sollten ca. 250–500 ng Gesamt-DNA-Gehalt für die Hybridisierung verwendet werden.

- **Material**
- UNG-Vektor (~ 125 ng)
- UNG-behandeltes PCR-Produkt

- **Durchführung**
- Denaturierung der Proben bei 70 °C für 3 min.
- Ca. 125 ng des UNG-Vektors mit gleichem bis doppeltem molaren Verhältnis des PCR-Produktes versetzen.
- Die Ansätze werden für 15–20 min bei RT belassen.
- Anschließend die Proben kurz anzentrifugieren und direkt für die Transformation (▶ Abschn. 5.4) verwenden.

---

1   2 u UNG degradieren ca. 10^6 dUMP bei 20 °C in 10 min!

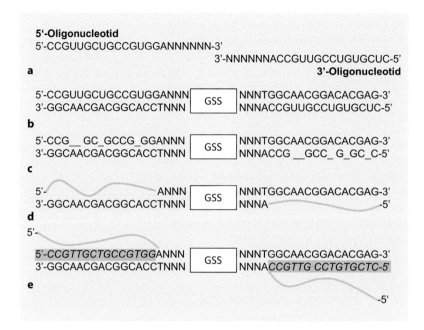

5'-Oligonucleotid
5'-CCGUUGCUGCCGUGGANNNNNNN-3'
                        3'-NNNNNNACCGUUGCCUGUGCUC-5'
a   **3'-Oligonucleotid**

5'-CCGUUGCUGCCGUGGANNN | GSS | NNNTGGCAACGGACACGAG-3'
3'-GGCAACGACGGCACCTNNN | | NNNACCGUUGCCUGUGCUC-5'
b

5'-CCG__ GC_GCCG_GGANNN | GSS | NNNTGGCAACGGACACGAG-3'
3'-GGCAACGACGGCACCTNNN | | NNNACCG __GCC_ G_GC_C-5'
c

5'-⁀⁀⁀⁀ANNN | GSS | NNNTGGCAACGGACACGAG-3'
3'-GGCAACGACGGCACCTNNN | | NNNA⁀⁀⁀-5'
d

5'-⁀
5'-*CCGTTGCTGCCGTGG*ANNN | GSS | NNNTGGCAACGGACACGAG-3'
3'-GGCAACGACGGCACCTNNN | | NNNA*CCGTTG CCTGTGCTC*-5'
e

                                        -5'

□ **Abb. 8.1** Schematische Darstellung der UNG-Klonierung. **a** Anstelle des Thymidins werden Uracil-Basen in die zu synthetisierenden Oligonucleotide eingebaut. **b** Nach der Amplifikation weisen alle PCR-Fragmente in der Oligonucleotid-Region Uracil anstelle von Thymidin auf. **c** Durch Inkubation der PCR-Amplifikate mit UNG werden die Uracil-Basen abgebaut, sodass keine Basenpaarung zwischen Adenosin und Uracil gegeben ist. **d** Die Doppelstränge brechen in der Oligonucleotid-Region auf, wobei ein intakter 3'-Überhang des PCR-Fragmentes erhalten bleibt. **e** Ein entsprechend vorbehandelter Vektor mit einem dem 3'-Überhang des PCR-Fragmentes komplementären Einzelstrang-Überhang wird hinzupipettiert. Die komplementären Überhänge beider Fragmente erlauben eine richtungsorientierte Klonierung ohne Verwendung von Ligasen und/oder Topoisomerasen. GSS: Genspezifische Sequenz; NNN: Sequenzspezifische 3'-Nucleotide; Sequenz des Vektors ist *grau hinterlegt* und *kursiv dargestellt*; *graue Welle*: UNG-behandelter 5'-Überhang

■ **Troubleshooting**

Keine Klone erhalten:
- Längere Hybridisierungszeiten durchführen.
- Die Quantität des Inserts erhöhen.
- Sicherstellen, dass ausreichend Thymidin-Basen (bzw. Uracil) in der Oligonucleotidsequenz vorhanden sind.
- Überprüfen, ob die Bakterien kompetent waren, indem supercoiled Plasmide (ca. 1 pg) für die Transformation eingesetzt werden.

Literatur

Lasken RS et al (1996) Archaebacterial DNA Polymerases Tightly Bind Uracil-containing DNA. J Biol Chem 271:17692–17696

Lindahl T et al (1977) DNA N-glycosidases: properties of uracil-DNA glycosidase from Escherichia coli. J Biol Chem 252:3286–3294

Tomilin NV, Aprelikova ON (1989) Uracil-DNA glycosylases and DNA uracil repair. Intl Rev Cytol 114:125–179

Surf-Klonierung

Hans-Joachim Müller, Daniel Ruben Prange

Literatur – 43

H.-J. Müller, D. R. Prange, *PCR – Polymerase-Kettenreaktion*,
DOI 10.1007/978-3-662-48236-0_9, © Springer-Verlag Berlin Heidelberg 2016

Dieses seinerzeit von Stratagene (heute: Division von Agilent Technologies) entwickelte System zur Klonierung von PCR-Fragmenten mit glatten Enden basiert auf dem Einsatz des selten schneidenden (*rare cutter*) Restriktionsenzyms *Srf* I (sprich: surf) (Weiner 1993). Das Enzym erkennt eine acht Basenpaarsequenz (5′ GCCC/GGGC 3′), die ca. alle 64.000 bp vorkommt. Somit ist die Wahrscheinlichkeit sehr gering, dass ein beliebiges PCR-Fragment durch *Srf* I hydrolysiert wird. Diese Sequenz wurde in verschiedene Vektoren inseriert, sodass durch die Hydrolyse mit *Srf* I ein Blunt-end-geschnittener Vektor entsteht. In diesen wiederum lassen sich nun PCR-Fragmente mit glatten Enden durch Zugabe der T4-DNA-Ligase klonieren. Wie allerdings in ► Abschn. 5.3 erwähnt, ist die Blunt-end-Klonierung sehr ineffektiv und die Wahrscheinlichkeit, dass der Vektor trotz Dephosphorylierung der 5′-Enden mit sich selbst ligiert, sehr groß.

Das „Surf"-System verwendet einen cleveren Trick, indem die Ligation sowohl in Anwesenheit einer T4-DNA-Ligase als auch des *Srf* I Restriktionsenzyms durchgeführt wird, ohne dass der Vektor vorab dephosphoryliert werden muss. Kommt es zu einer Selbst-Ligation des Vektors, dann erkennt *Srf* I die komplette Restriktionsschnittstelle, sodass der Vektor wiederum durch *Srf* I linearisiert wird (◘ Abb. 9.1). Sobald ein Blunt-end PCR-Fragment durch die Ligase mit dem Vektor verknüpft wird, wird die *Srf* I spezifische Restriktionsschnittstelle eliminiert, weshalb *Srf* I diese Verknüpfung nicht mehr hydrolysieren kann.

Das Gleichgewicht dieser Reaktionen liegt auf Seiten der kovalenten Verknüpfung zwischen PCR-Insert und Vektor, sodass das Verhältnis rekombinanter Vektor und selbstligierter Vektor zu Gunsten des Ersteren mit Fortdauer der Inkubation verschoben wird.

- **Material**
  - 1,5 ml sterile Reaktionsgefäße
  - z. B. ~ 50 ng pCR-Script™ CAM SK(+) Vektor (Agilent Technologies)
  - Blunt-end PCR-Produkt
  - 10x T4-DNA-Ligase Reaktionspuffer „Blunt-end"(z. B. 0,5 M Tris-HCl (pH 7,4), 12,5 mM Hexamin-Kobaltchlorid, 0,1 M MgCl$_2$, 0,1 M DTT, 10 mM Spermidin, 0,1 mg/ml BSA)
  - H$_2$O bidest.
  - ATP (10 mM)
  - T4-DNA-Ligase
  - *Srf* I (10 u/µl) (Agilent Technologies)

- **Durchführung**
  - - **Pipettierschema für 20 µl Endvolumen**
  - 2,0 µl: 10x Reaktionspuffer Blunt-end
  - xx µl: *Srf* I-geschnittener Vektor (0,05 µg)
  - xx µl: Blunt-end PCR-Produkt, z. B. 5x Überschuss
  - xx µl: H$_2$O bidest.
  - 4,0 µl: ATP (10 mM)
  - 1,0 µl: T4-DNA-Ligase (1 u/µl)
  - 1,0 µl: *Srf* I
  - 4 h/RT oder über Nacht bei 12–15 °C

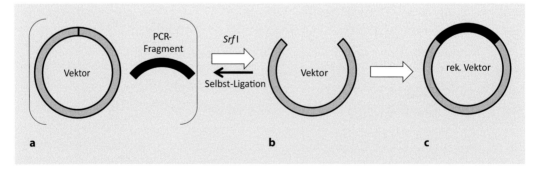

a   b   c

◘ **Abb. 9.1** Blunt-end Klonierung von PCR-Produkten mit dem „Surf"-System. **a** Der Vektor wird mit *Srf* I linearisiert und in Anwesenheit einer T4-DNA-Ligase und *Srf* I mit dem PCR-Fragment inkubiert. Das PCR-Fragment kann durch alle thermostabilen DNA-Polymerasen amplifiziert worden sein. Damit die evt. vorhandenen A-Überhänge degradiert werden, sollte das PCR-Fragment 2–3x eingefroren und aufgetaut werden. **b** Der geschnittene Vektor wird im Falle einer Selbst-Ligation wiederum durch *Srf* I gespalten, sodass nur durch Einbau des PCR-Fragmentes ein zirkulärer Vektor (**c**) entstehen kann

Literatur

Agilent Technologies (2012) Instruction Manual: PCR-Script Cam Cloning Kit

Weiner MP (1993) Directional cloning of blunt-ended PCR products. Biotechniques 15:502–505

Megaprime-PCR

Hans-Joachim Müller, Daniel Ruben Prange

H.-J. Müller, D. R. Prange, *PCR – Polymerase-Kettenreaktion*,
DOI 10.1007/978-3-662-48236-0_10, © Springer-Verlag Berlin Heidelberg 2016

Durch die Megaprime-PCR lassen sich überlappende DNA-Fragmente mit einer jeweiligen Größe von bis zu 1000 bp „ligieren" (Barik und Galinsky 1991). Die denaturierten DNA-Einzelstränge dienen dabei als Oligonucleotide und binden die komplementäre Sequenz des Überlappungspartners. Die Megaprime-PCR wird auch als Zwischenstufe bei der RACE-PCR (▶ Kap. 12) oder bei der Herstellung von PCR-Mutanten eingesetzt (Smith und Klugmann 1997). Weiterhin lassen sich hiermit einzelne Nucleotide zur Mutationsanalyse austauschen.

Diese Megaprime-Methode basiert auf dem Einsatz von vier verschiedenen Oligonucleotiden zur Amplifikation zweier unterschiedlicher PCR-Fragmente, wobei das 3'-Oligonucleotid des 5'-gelegenen Fragmentes (A) und das 5'-Oligonucleotid des anderen PCR-Fragmentes (B) einen komplementären Bereich (10–20 Nucleotide) sowie die jeweilige genspezifische Sequenz aufweisen. Zuerst werden zwei unterschiedliche PCRs durchgeführt (◉ Abb. 10.2a), damit die beiden Fragmente A und B erhalten werden. Anschließend werden diese Fragmente gereinigt und für eine weitere PCR eingesetzt. In der zweiten PCR finden dann nur das 5'-Oligonucleotid des Fragmentes A und das 3'-Oligonucleotid des Fragmentes B Verwendung. Während der PCR-Zyklen dienen die denaturierten DNA-Einzelstränge ebenfalls als Oligonucleotide und binden die komplementäre Sequenz des Überlappungspartners. Die hybridisierten Einzelstränge können nun als Mega-Oligonucleotid fungieren, sodass die Polymerase die freien 3'-Enden dieser Stränge elongiert (◉ Abb. 10.1). Damit eine exponentielle Amplifikation gewährleistet ist, werden dem PCR-Ansatz sowohl das 5'-Oligonucleotid A als auch das 3'-Oligonucleotid B hinzupipettiert.

Da sich nach jedem Denaturierungsschritt (◉ Abb. 10.2b) sowohl die Oligonucleotide als auch die DNA-Einzelstränge (ssDNA) an komplementäre Sequenzen anlagern (◉ Abb. 10.2c), werden alle freien 3'-Enden durch die Polymerasen verlängert (◉ Abb. 10.2d). Direkt nach dem PCR-Zyklus 1 ist das erste Komplettfragment entstanden (◉ Abb. 10.2d). Erst im zweiten Zyklus können somit die 5'- und 3'-Oligonucleotide eine vollständige und exponentielle Amplifikation bewirken. Die verbleibenden einzelsträngigen Gegenstränge der Ausgangsfragmente werden nicht verlängert, da nur deren 5'-Enden hybridisieren und diese nicht durch Polymerasen elongiert werden können.

10.1 Amplifikation des genspezifischen Fragmentes A

- **Materialien**
- Thermostabile DNA-Polymerase (2 u/μl)
- 10x Reaktionspuffer-Komplett (z. B. 200 mM Tris-HCl (pH 8,55), 160 mM $(NH_4)_2SO_4$, 15 mM $MgCl_2$)
- 5'-Oligonucleotid A (50 pmol/μl)
- 3'-Oligonucleotid A (50 pmol/μl)
- dNTP-Mix (40 mM)
- genspezifische Matrize A (Gesamtmenge 0,1–10 ng)
- H_2O bidest.
- sterile Reaktionsgefäße (0,5 ml/0,2 ml)

- **Durchführung**
- ■ **Pipettierschema für 50 μl Endvolumen**
- add 50 μl H_2O bidest.
- 5,0 μl: 10x Reaktionspuffer-Komplett
- 1,0 μl: 5'-Oligonucleotid A
- 1,0 μl: 3'-Oligonucleotid A
- xx μl: Matrize A
- 2,0 μl: dNTP-Mix
- 0,5 μl: Thermostabile DNA-Polymerase

5'-Oligonucleotid - Fragment B

5'-GAGGTTGGGCGCTGA-3' ➡
3'-CTC CAACCCGCGACT-5'

⬅ **3'-Oligonucleotid – Fragment A**

◉ **Abb. 10.1** Schematische Darstellung der Hybridisierung zwischen dem ssDNA 3'-Bereich des Fragmentes A und dem ssDNA 5'-Bereich des Fragmentes B. Die Polymerase verlängert die 3'-Enden in Richtung des Fragment A- sowie Fragment B-Bereiches (*grauer und schwarzer Pfeil*)

- **Durchführung**
- ■ **PCR-Programm: Fragment A**
- Schritt 1: 2 min/95 °C
- Schritt 2: 30 Sek/95 °C
- Schritt 3: 30 Sek/60 °C
- Schritt 4: pro 1000 bp 1 min bei 70–75 °C
- 30 Zyklen: Schritt 2–4
- Schritt 5: 10 min bei 70–75 °C

10.2 Amplifikation des Fragmentes B

- **Materialien**
- Thermostabile DNA-Polymerase (2 u/µl)
- 10x Reaktionspuffer-Komplett (z. B. 200 mM Tris-HCl (pH 8,55), 160 mM $(NH_4)_2SO_4$, 15 mM $MgCl_2$)
- 5′-Oligonucleotid B (50 pmol/µl)
- 3′-Oligonucleotid B (50 pmol/µl)
- dNTP-Mix (40 mM)
- genspezifische Matrize B (Gesamtmenge 0,1–10 ng)
- H_2O bidest.
- sterile Reaktionsgefäße (0,5 ml/0,2 ml)

- **Durchführung**
- ■ **Pipettierschema für 50 µl Endvolumen**
- add 50 µl H_2O bidest.
- 5,0 µl: 10x Reaktionspuffer-Komplett
- 1,0 µl: 5′-Oligonucleotid B
- 1,0 µl: 3′-Oligonucleotid B
- xx µl: Matrize B
- 2,0 µl: dNTP-Mix
- 0,5 µl: Thermostabile DNA-Polymerase

- **Durchführung**
- ■ **PCR-Programm: Fragment B**
- Schritt 1: 2 min/95 °C
- Schritt 2: 30 sek/95 °C
- Schritt 3: 30 sek/60 °C
- Schritt 4: 30 sek bei 70–75 °C
- 30 Zyklen: Schritt 2–4
- Schritt 5: 1 min bei 70–75 °C

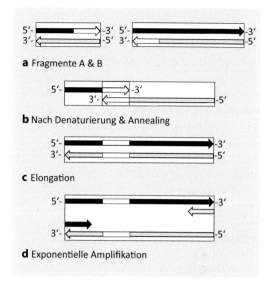

a Fragmente A & B

b Nach Denaturierung & Annealing

c Elongation

d Exponentielle Amplifikation

🔲 **Abb. 10.2** Schematische Darstellung der Megaprime-PCR. **a** Ausgangssubstrat für die PCR sind die vorher synthetisierten PCR-Fragmente A und B. **b** Diese Fragmente werden denaturiert und miteinander hybridisiert. **c** Die komplementären 3′-Enden (*weiß*) werden während der Elongation aufgefüllt. Zur übersichtlicheren Darstellung werden nur die Hybridisierungen zwischen den freien 3′-Enden gezeigt. **d** Im nächsten PCR-Zyklus binden die 5′- und 3′-Oligonucleotide an die entstandenen Komplettfragmente, worauf die exponentielle Vervielfältigung initiiert wird

10.3 Reinigung der PCR-Produkte

Die Reinigung der PCR-Fragmente wird nach Standard-Methoden (Silica-Beads, Spin-Preps etc.) entsprechend den Herstellerangaben durchgeführt. Die gereinigten Fragmente A und B werden daraufhin für die Megaprime-PCR eingesetzt.

10.4 Verschmelzung der PCR-Fragmente A und B

- **Material**
- 0,5 ml sterile Reaktionsgefäße
- 10x Reaktionspuffer-Komplett: (500 mM Tris-HCl (pH 9.1), 140 mM $(NH_4)_2SO_4$, 17.5 mM $MgCl_2$)
- H_2O bidest.
- Fragment A (~ 100 ng/µl)
- Fragment B (~ 100 ng/µl)

- 5'-Oligonucleotid A (50 pmol/µl)
- 3'-Oligonucleotid B (50 pmol/µl)
- dNTP-Mix (40 mM)
- *Taq/Pwo*-DNA-Polymerase Mix (2.5 u/µl)

- **Durchführung**
- **PCR-Ansatz (100 µl)**
- 10 µl: 10x Reaktionspuffer-Komplett
- 76 µl: H_2O bidest.
- 2,0 µl: 5'-Oligonucleotid A
- 3,0 µl: 3'-Oligonucleotid B
- 3,0 µl: Fragment A
- 3,0 µl: Fragment B
- 2,0 µl: dNTP-Mix
- 1,0 µl: *Taq/Pwo*-DNA-Polymerase Mix

- **PCR-Programm**
- 1. Schritt: 2 min/95 °C
- 2. Schritt: 30 sek/95 °C
- 3. Schritt: 2 min/48 °C
- 4. Schritt: 1 min/68 °C
- 25 Zyklen: Schritte 2–4
- 5. Schritt: 10 min/68 °C
- 6. Schritt: 4 °C/t = ∞

- **Troubleshooting**
Kein Amplifikat erhalten, oder unspezifische Banden: Siehe ▶ Abschn. 2.5.
- Erniedrigen der Fragment-Konzentration in 50 ng–Schritten.
- Erhöhen der Oligonucleotid-Konzentration in 10 pmol-Schritten.
- Wiederholung der PCR mit 1:500 bis 1:1000 Verdünnung der vorhergehenden PCR.

Literatur

Barik, Galinsky (1997) "Mega-primer" method of PCR: increased template concentration improves yield. Biotechniques 10:489–490
Smith, Klugmann (1997) Methods Mol Biol 67:173

RT-PCR

Hans-Joachim Müller, Daniel Ruben Prange

H.-J. Müller, D. R. Prange, *PCR – Polymerase-Kettenreaktion,*
DOI 10.1007/978-3-662-48236-0_11, © Springer-Verlag Berlin Heidelberg 2016

Der Einsatzbereich der Reversen Transcriptase-PCR (RT-PCR) ist sehr vielfältig. Diese Methode lässt sich u. a. zur Genexpressionsdetektion (Rappolee et al. 1988), mRNA-Quantifizierung (▶ Kap. 13), zum diagnostischen Nachweis von Viren (Byrne et al. 1988) und Vervielfältigung spezifischer RNA-Matrizen für die nachfolgende Klonierung (Todd et al. 1987) einsetzen. Weiterhin ist sie auch Ausgangspunkt der RACE-PCR (▶ Kap. 12) und Real-Time-PCR (▶ Kap. 14).

Da sich RNA nicht direkt durch Einsatz der PCR amplifizieren lässt, muss diese vorab in DNA umgeschrieben werden (◘ Abb. 11.1). Dieses wird durch die Reverse Transkription erreicht, wobei verschiedene Reverse-Transkriptasen (RTasen) verwendet werden können (◘ Tab. 11.1).

Die RTasen lassen sich bei diversen Anbietern mit den unterschiedlichsten Puffern erwerben.

Welche RTase präferiert wird, hängt von der Ausgangsmatrize ab. Im Falle einer sehr GC-reichen mRNA sollte man die AMV oder die *Tth*-DNA-Polymerase einsetzen, da die stabilen Sekundärstrukturen durch die erhöhte Inkubationstemperatur eliminiert werden können. Es ist zu beachten, dass

a Bindung des 3′-Oligonucleotides an die mRNA

b Synthese des mRNA/DNA-Hybrides

c Denaturierung, Annealing & Elongation

◘ **Abb. 11.1** Schematische Darstellung der RT-PCR. **a** Die einzelsträngige mRNA (*weiß*) wird an dessen 3′-Ende durch das 3′-Oligonucleotid (z. B. Oligo(dT) oder ein genspezifischer 3′-Pimer) gebunden. **b** Durch die Elongation des 3′-Oligonucleotids entsteht ein mRNA/DNA-Hybrid. **c** In den anschließenden PCR-Zyklen binden die 5′- und 3′-Oligonucleotide, die aus der Reversen Transkription entstandenen DNA-Stränge und die exponentielle Amplifikation findet statt

die *Tth*-DNA-Polymerase nur bis zu 1000 Basen revers transkribieren kann. Sind größere Fragmente erforderlich, so sollte die AMV verwendet werden, da sich bei dieser RTase Inkubationstemperaturen bis zu 60 °C einsetzen lassen.

Sofern die Umschreibung sehr langer mRNA-Matrizen erforderlich ist, dann sollte die MMLV eingesetzt werden, da diese durch die verminderte bzw. fehlende RNAse-H-Aktivität (RNAse-H⁻) in der Lage ist bis 20.000 Basen revers zu transkribieren. Voraussetzung für den Erfolg dieser sehr langen „Umschreibung" ist eine intakte mRNA, die allerdings für solche Längen sehr selten ist. Realistische Maximallängen sind bei 10.000 bis 13.000 Basen zu erwarten.

Generell unterscheidet man die „Zweipuffer" von der „Einpuffer" RT-PCR. Bei der erstgenannten kommen zwei differente Reaktionspuffer sowie i. d. R. auch verschiedene Reaktionsgefäße zum Einsatz (▶ Abschn. 11.1). Die „Einpuffer" RT-PCR erlaubt es, dass sowohl für die RTase als auch für die DNA-Polymerase ein Reaktionspuffer eingesetzt wird (▶ Abschn. 11.2). Weiterhin lässt sich unterscheiden, ob die RT-PCR in einem „Einschritt"-Verfahren (▶ Abschn. 11.2.2.2) oder „Zweischritt"-Verfahren (▶ Abschn. 11.2.2.1) durchgeführt wird. Auch hier ist die jeweilige Fragestellung entscheidend, welches System eingesetzt werden soll.

Achtung: Es ist sehr wichtig, dass aufgrund der allgegenwärtigen RNAse auf der Haut, der Bench etc. nur mit sterilen Handschuhen und sterilem Plastikmaterial gearbeitet wird!

11.1 „Zweipuffer" RT-PCR

- **Material**
- 0,5 ml sterile Reaktionsgefäße (in 0,1 M NaOH, 1 mM EDTA und DEPC-behandelten H_2O bidest. spülen und anschließend bei 200 °C über Nacht sterilisieren)
- 10x *AMV* RTase-Puffer (z. B. 500 mM Tris-HCl (pH 8,15 bei 42 °C), 40 mM $MgCl_2$, 400 mM KCl, 10 mM DTT)
- 10x *MLMV* RTase-Puffer (z. B. 500 mM Tris-HCl (pH 8.3), 400 mM KCl, 0,5 mg/ml BSA, 60 mM $MgCl_2$)

Reverse-Transkriptase	optimale Temperatur	Fragmentlänge	RNASe-H-Aktivität
Avian Myeloblastosis Virus (AMV)	42–60 °C	< 6000 Basen	Ja
Moloney Murine Leukemia Virus (MMLV)	37 °C	< 20.000 Basen	Nein
Tth-DNA-Polymerase	68–80 °C	< 1000 Basen	Nein

◘ **Tab. 11.1** Reverse-Transkriptasen für den Einsatz in der RT-PCR

- 10x *Taq*-DNA-Pol.-Puffer (z. B. 200 mM Tris-HCl (pH 8,55), 160 mM $(NH_4)_2SO_4$, 15 mM $MgCl_2$)
- 10x *Tth*-DNA-Pol.-Reaktionspuffer (z. B. 670 mM Tris-HCl (pH 8.8), 166 mM $(NH_4)_2SO_4$, 0,1 % Tween-20)
- $MnAc_2$ (25 mM)
- $MgCl_2$ (25 mM)
- NaOH (5 M) oder
- RNAse-H (5 u/µl)
- H_2O bidest., DEPC-behandelt (0,05 % Di-Ethyl-Pyrocarbonat über Nacht wirken lassen und anschließend autoklavieren)
- 5'-Oligonucleotid (50 pmol/µl)
- 3'-Oligonucleotid (50 pmol/µl), genspezifisch oder
- Oligo(dT)$_{15–20mer}$ (50 pmol/µl)
- polyA-mRNA (10 ng/µl)
- dNTP-Mix (40 mM)
- RNAse-Inhibitor (50 u/µl)
- AMV Reverse-Transkriptase (5 u/µl), MMLV Rev. Transkriptase (50 u/µl), oder *Tth*-DNA-Polymerase (5 u/µl)
- Thermostabile DNA-Polymerase (5 u/µl)

- **Durchführung**
- ■ **50 µl RT-Ansatz**
- 5,0 µl: 10x RTase-Reaktionspuffer
- xx µl: H_2O bidest., DEPC-behandelt
- 1,0 µl: genspezifisches 3'-Oligonucleotid oder Oligo(dT)
- 1,0 µl: polyA-mRNA
- 1,0 µl: dNTP-Mix (Endkonzentration 200 µM pro Nucleotid)
- 5,0 µl: ggf. $MnAc_2$ (Endkonzentration 2.5 mM) für die *Tth*-DNA-Polymerase
- xx µl: ggf. RNAse-Inhibitor (50–100 u)
- xx µl: Reverse-Transkriptase (AMV: 5 u; MMLV: 50 u; *Tth*-DNA-Polymerase: 2 u)

- ■ **RT- Programm**
- 1. Schritt: 5 min/70 °C
- 2. Schritt: 5 min/50–60 °C[1]
- 3. Schritt: 20–45 min/37–60 °C
- Anschließend kurz anzentrifugieren
- Zugabe von 2 µl NaOH (Endkonzentration 0,2 M) oder 2 µl RNAse-H
- Auf Eis lagern.

- **Durchführung**
- ■ **PCR-Ansatz (100 µl)**
- 10 µl: 10x Polymerase-Reaktionspuffer
- xx µl: H_2O bidest.
- 2,0 µl: 5'-Oligonucleotid
- 2,0 µl: 3'-Oligonucleotid
- xx µl: RT-Ansatz (1,0–5,0 µl)
- 2,0 µl: dNTP-Mix (Endkonzentration 200 µM pro Nucleotid)
- xx µl: Thermostabile DNA-Polymerase (0,5–1,5 u)

- ■ **PCR-Programm**
- 1. Schritt: 2 min/95 °C
- 2. Schritt: 30 sek/95 °C
- 3. Schritt: 2 min/50–60 °C
- 4. Schritt: 1 min/68–75 °C
- 25 Zyklen: Schritte 2–4
- 5. Schritt: 10 min/68–75 °C
- 6. Schritt: 4 °C/t = ∞

11.2 „Einpuffer" RT-PCR

Es gibt verschiedene RT-PCR Kits, die auf den Einsatz nativer oder rekombinierter Reverse Transkrip-

---

1 Diese Temperatur ist sehr stark von dem Tm-Wert der eingesetzten 3'-Oligonucleotide abhängig! Im Falle eines Oligo(dT)-Primers werden i. d. R. 37–45 °C eingesetzt.

tasen und differenten DNA-Polymerasen in einem „Einpuffer"-System (z. B. Life Technologies: SuperScript One-Step RT-PCR Kit; Promega: Access-Quick RT-PCR Kit; Roche Diagnostic: Transcriptor One-Step RT-PCR Kit) beruhen. Selbstverständlich lassen sich die Kit-Komponenten im „Einschritt"- oder „Zweischritt"-Verfahren verwenden. Der Zeit- und Kostenvorteil des „Einschritt"-Systems ist naheliegend, aber auch eine entkoppelte RT-PCR birgt ihre Vorzüge. Sofern aus einer RT-Reaktion ein bestimmtes Repertoire verschiedener mRNAs mit diversen differenten Oligonucleotiden nachgewiesen werden muss, so sollte die PCR immer mit dem gleichen Ausgangsmaterial (hier die vorgeschaltete RT-Reaktion) gestartet werden, da nicht jede RT-Reaktion eine identische Verteilung der reversen Transkription garantiert.

Beispielgebend für eine „Einschritt-Einpuffer" RT-PCR unter Einsatz der AMV und eines Polymerase-Mixes ist hier die Versuchsdurchführung mit der AMV in Kombination eines *Taq/Pwo*-DNA-Polymerase-Mixes beschrieben, wobei die anderen Anbieter ähnliche Pipettierschemata empfehlen.

11.2.1 AMV und *Taq/Pwo*-DNA-Polymerase-Mix

- **Material**
- 0,5 ml sterile Reaktionsgefäße
- 10x RTase- und Polymerase-Reaktionspuffer (die Zusammensetzung der angebotenen „Einpuffer"-Systeme ist von Hersteller zu Hersteller unterschiedlich)
- H_2O bidest., DEPC-behandelt
- 5'-Oligonucleotid (50 pmol/µl)
- 3'-Oligonucleotid (50 pmol/µl), genspezifisch oder
- Oligo(dT)$_{15-20mer}$ (50 pmol/µl)
- polyA-RNA (10 ng/µl)
- dNTP-Mix (40 mM)
- RNAse-Inhibitor (50 u/µl)
- AMV Reverse-Transkriptase (5 u/µl)
- *Taq/Pwo*-DNA-Polymerase-Mix (2.5 u/µl)

- **Durchführung**
- ■ **50 µl RT-Ansatz**
- 5,0 µl: 10x RTase- und Polymerase-Reaktionspuffer
- xx µl: H_2O bidest., DEPC-behandelt
- 1,0 µl: 5'-Oligonucleotid
- 1,0 µl: genspezifischer 3'-Oligonucleotid oder Oligo(dT)
- x µl: ggf. RNAse-Inhibitor (50–100 u)
- xx µl: polyA-RNA (10–50 ng)
- 3,0 µl: dNTP-Mix (Endkonzentration 600 µM pro Nucleotid)
- 1,0 µl: AMV Reverse-Transkriptase (5 u)
- 1,0 µl: *Taq/Pwo*-DNA-Polymerase-Mix (2,5 u)

- ■ **RT-PCR Programm**
- 1. Schritt: 5 min/70 °C
- 2. Schritt: 5 min/50–60 °C[2]
- 3. Schritt: 5–30 min/42–60 °C[3]
- 4. Schritt: 2 min/95 °C
- 5. Schritt: 30 sek/95 °C
- 6. Schritt: 30 sek/50–60 °C*
- 7. Schritt: 1 min/68 °C
- 25 Zyklen: Schritte 5–7
- 8. Schritt: 10 min/68 °C
- 9. Schritt: 4 °C/t = ∞

11.2.2 *Tth*-DNA-Polymerase

In diesem System wird die *Tth*-DNA-Polymerase als Reverse-Transkriptase und DNA-Polymerase eingesetzt. Vorteil dieses Enzyms ist die hohe Inkubationstemperatur bei welcher beide Reaktionen stattfinden, sodass stabile Sekundärstrukturen eliminiert werden.

---

2 Diese Temperatur ist sehr stark von dem Tm-Wert der eingesetzten 3'-Oligonucleotide abhängig! Im Falle eines Oligo(dT)-Primers werden i. d. R. 37–45 °C eingesetzt.
3 Hierbei ist entscheidend, ob die mRNA-Matrize sehr GC-reich ist oder nicht. Bei einer Inkubationstemperatur von 60 °C ist eine Inkubationsdauer von 5–10 min ausreichend, da bei längerer Inkubation die AMV hitzeinaktiviert wird.

11.2.2.1 „Zweischritt/Einpuffer" RT-PCR

- **Material**
- 0,5 ml sterile Reaktionsgefäße
- 5x Bicin-Puffer (250 mM Bicin (pH 8,2), 425 mM KAc, 40 % Glycerol)
- $MnAc_2$ (25 mM)
- H_2O bidest., DEPC-behandelt
- 5′-Oligonucleotid (50 pmol/µl)
- 3′-Oligonucleotid (50 pmol/µl)
- polyA-RNA (10 ng/µl)
- dNTP-Mix (40 mM)
- NaOH (5 M)
- RNAse-H (5 u/µl)
- RNAse-Inhibitor (50 u/µl)
- *Tth*-DNA-Polymerase (5 u/µl)

- **RT-Durchführung**
- • • **50 µl RT-Ansatz**
- 10,0 µl: 5x Bicin-Puffer
- xx µl: H_2O bidest., DEPC-behandelt
- 1,0 µl: 3′-Oligonucleotid
- xx µl: polyA-RNA (10–50 ng)
- xx µl: ggf. RNAse-Inhibitor (50–100 u)
- 1,0 µl: dNTP-Mix (Endkonzentration 200 µM pro Nucleotid)
- 5,0 µl: $MnAc_2$ (Endkonzentration 2.5 mM)
- 0,4 µl: *Tth*-DNA-Polymerase (2 u)

- • • **RT-Programm**
- 1. Schritt: 5 min/70 °C
- 2. Schritt: 5 min/50–60 °C[4]
- 3. Schritt: 30 min/65–75 °C
- Anschließend kurz anzentrifugieren
- Zugabe von 2 µl NaOH (Endkonzentration 0,2 M) oder 2 µl RNAse-H
- Auf Eis lagern.

- **PCR-Durchführung**
- • • **50 µl PCR-Ansatz**
- 10,0 µl: 5x Bicin-Puffer
- xx µl: H_2O bidest., DEPC-behandelt
- 5,0 µl: $MgCl_2$ (Endkonzentration 2.5 mM)

- 1,0 µl: 5′-Oligonucleotid
- 1,0 µl: 3′-Oligonucleotid
- xx µl: RT-Ansatz (1,0–5,0 µl)
- 1,0 µl: dNTP-Mix (Endkonzentration 200 µM pro Nucleotid)
- 5,0 µl: $MnAc_2$ (Endkonzentration 2.5 mM)
- 0,4 µl: *Tth*-DNA-Polymerase (2 u)

- • • **PCR Programm**
- 1. Schritt: 2 min/95 °C
- 2. Schritt: 30 sek/95 °C
- 3. Schritt: 30 sek/50–60 °C[5]
- 4. Schritt: 1 min/68–75 °C
- 25 Zyklen: Schritte 2–4
- 5. Schritt: 10 min/68–75 °C
- 6. Schritt: 4 °C/t = ∞

11.2.2.2 „Einschritt/Einpuffer" RT-PCR

Diese Methode der RT-PCR ist hervorragend für den Nachweis sehr geringer Mengen spezifischer mRNA aus z. B. Zellen, Gewebe oder flüssigen biologischen Ausgangsmaterialien geeignet. Die Sensitivität der *Tth*-DNA-Polymerase reicht aus, um eine selten exprimierte mRNA aus nur einer Zelle nachzuweisen (Furutani et al. 2012). Sofern die revers transkribierte mRNA nicht für weitere PCRs eingesetzt werden muss, solange bietet diese Methode und die *Tth*-DNA-Polymerase einen sehr guten Kompromiss zwischen Sensitivität, Eliminierung von Sekundärstrukturen sowie Kosten- und Zeitersparnis.

- **Material**
- 0,5 ml sterile Reaktionsgefäße
- 5x Bicin-Puffer (250 mM Bicin (pH 8,2), 425 mM KAc, 40 % Glycerol)
- $MnAc_2$ (25 mM)
- H_2O bidest., DEPC-behandelt
- 5′-Oligonucleotid (50 pmol/µl)
- 3′-Oligonucleotid (50 pmol/µl)
- polyA-RNA (10 ng/µl)
- dNTP-Mix (40 mM)
- RNAse-Inhibitor (50 u/µl)
- *Tth*-DNA-Polymerase (5 u/µl)

---

4   Diese Temperatur ist sehr stark von dem Tm-Wert der eingesetzten 3′-Oligonucleotide abhängig! Im Falle eines Oligo(dT)-Primers werden i. d. R. 37–45 °C eingesetzt.

5   Diese Temperatur ist sehr stark von dem Tm-Wert der eingesetzten 3′-Oligonucleotide abhängig! Im Falle eines Oligo(dT)-Primers werden i. d. R. 37–45 °C eingesetzt.

■ **RT-PCR Durchführung**

■ ■ **50 μl RT-PCR Ansatz**

▬ 10,0 μl: 5x Bicin-Puffer

▬ xx μl: H$_2$O bidest., DEPC-behandelt

▬ 5,0 μl: MnAc$_2$ (Endkonzentration 2.5 mM)

▬ 1,0 μl: 5′-Oligonucleotid

▬ 1,0 μl: 3′-Oligonucleotid

▬ xx μl: ggf. RNAse-Inhibitor (50–100 u)

▬ xx μl: polyA-RNA (10–50 ng)

▬ 3,0 μl: dNTP-Mix (Endkonzentration 600 μM pro Nucleotid)

▬ 0,4 μl: *Tth*-DNA-Polymerase (2 u)

■ ■ **RT-PCR Programm**

▬ 1. Schritt: 5 min/70 °C

▬ 2. Schritt: 5 min/50–60 °C*

▬ 3. Schritt: 30 min/65–75 °C

▬ 4. Schritt: 2 min/95 °C

▬ 5. Schritt: 30 sek/95 °C

▬ 6. Schritt: 30 sek/50–60 °C[6]

▬ 7. Schritt: 1 min/65–75 °C

▬ 25 Zyklen: Schritte 5–7

▬ 8. Schritt: 10 min/65–75 °C

▬ 9. Schritt: 4 °C/t = ∞

■ **Troubleshooting**

Kein Amplifikat erhalten, oder unspezifische Banden:

▬ Durch eine Formamid-Agarosegelelektrophorese (1–2 % RNAse-freie Agarose) überprüfen, ob die RNA (100 ng/Spur) noch vorhanden und intakt ist. Bei Gesamt-RNA sollten die ribosomalen Banden (Eukaryotisch: 28S-18S-5,8S-5S; Prokaryotisch: 23S-16S-5S) und im Falle gereinigter mRNA eine fließende Verteilung zwischen 200 und 3000 Basen zu erkennen sein.

▬ Reduktion oder Erhöhung der Ausgangsmatrize in 5 ng Schritten.

▬ Sicherstellen, dass nur sterile und mit DEPC-behandelte Lösungen und Reaktionsgefäße eingesetzt werden.

▬ Nur mit sterilen Handschuhen arbeiten!

▬ Einsetzen eines RNase-Inhibitors (20 u pro 50 μl RT-Ansatz oder RT-PCR).

▬ Überprüfen der korrekten Annealing-Temperatur.

▬ Überprüfen, ob die Elongationszeit ausreichend für die RT (ca. 5 min pro 500 Basen) und PCR (ca. 1 min pro 1000 bp) ist. Im Falle der *Tth*-DNA-Polymerase sollte die mRNA-Matrize nicht länger als 1000 Basen sein.

▬ Zugabe von 5–10 % DMSO zum PCR-Ansatz.

▬ Erhöhen folgender Parameter/Konzentrationen (und/oder Optionen): MnAc$_2$ bzw. MgCl$_2$ in 0,5 mM Schritten; PCR-Zyklen bis 35 Zyklen; Enzymkonzentration in 0,5 u Schritten; Oligonucleotidquantität in 5 pmol Schritten und RT-Temperatur in 2 °C Schritten.

Literatur

Byrne et al (1988) Detection of HIV-1 RNA sequences by in vitro DNA amplification. Nucl Acids Res 16:4165

Chiocchia G, Smith KA (1997) Highly Sensitive Method to Detect mRNAs in Individual Cells by Direct RT-PCR Using Tth DNA Polymerase. Biotechniques 22:312

Cusi MG et al (1994) Comparison of M-MLV reverse transcriptase and *Tth* polymerase activity in RT-PCR of samples with low virus burden. Biotechniques 17:1034

Furutani S et al (2012) Detection of expressed gene in isolated single cells in microchambers by a novel hot cell-direct RT-PCR method. Analyst 137:2951–2957

Myers TW, Gelfland DH (1991) Reverse transcription and DNA amplification by a Thermus thermophilus DNA polymerase. Biochemistry 30:7661–7666

Rapolee et al (1988) Wound macrophages express TGF-alpha and other growth factors in vivo: analysis by mRNA phenotyping. Science 241(4866):708–712

Todd et al (1987) HLA-DQβ gene contributes to susceptibility and resistance to insulin-dependent diabetes mellitus. Nature 329:599–604

---

6   Diese Temperatur ist sehr stark von dem Tm-Wert der eingesetzten 3′-Oligonucleotide abhängig! Im Falle eines Oligo(dT)-Primers werden i. d. R. 37–45 °C eingesetzt.

RACE-PCR

Hans-Joachim Müller, Daniel Ruben Prange

H.-J. Müller, D. R. Prange, *PCR – Polymerase-Kettenreaktion,*
DOI 10.1007/978-3-662-48236-0_12, © Springer-Verlag Berlin Heidelberg 2016

Die RACE-PCR ist eine Weiterführung der Megaprime-PCR in Kombination mit der RT-PCR, wobei hier die Isolierung eines vollständigen cDNA-Klons im Vordergrund steht. Ausgehend von einer mRNA ist es sehr schwierig komplette mRNA-Sequenzen in DNA umzuschreiben. Gerade bei größeren Fragmenten (> 1000 Basen) ist die Reverse Transkription aufgrund degradierter mRNA oder ineffizienter RTasen nicht immer erfolgreich, sodass keine „Full Length" cDNA-Klone synthetisiert werden. Damit aber die vollständigen Sequenzen erhalten werden, wurde die „Rapid Amplification of cDNA Ends" (RACE) PCR entwickelt (Frohman et al. 1988). Basis dieser Anwendung ist die Amplifikation des i. d. R. vorhandenen 3'-Endes einer spezifischen mRNA durch ein genspezifisches 3'- und ein stromaufwärts befindliches 5'-Oligonucleotid. Ist die gesamte mRNA-Sequenz bekannt, dann sollte das 5'-Oligonucleotid soweit wie möglich von dem 3'-Oligonucleotid entfernt gewählt werden. Die einzige Beschränkung ist nur durch die vorhandenen Fragmentgrößen der mRNAs gegeben. Spätestens nach der ersten RT-PCR erfährt man, ob die gewünschten Fragmentgrößen vorhanden waren oder nicht. Es sollten mRNA-Längen bis zu 2000 Basen zu erwarten sein, aber dieses ist immer von der RNA-Präparation und der Konzentration aktiver RNasen im Ausgangsmaterial (Gewebe, Zellen) abhängig.

Die RACE-PCR startet mit einer RT-PCR, wobei wie unter ▶ Kap. 11 beschrieben diese den Anforderungen entsprechend optimiert werden kann. Es werden zwei unterschiedliche RT-PCRs gestartet, bei welchen einmal das 3'-Ende (◘ Abb. 12.1) sowie das 5'-Ende (◘ Abb. 12.2) des gewünschten mRNA-Fragmentes synthetisiert wird.

Die aus den beiden RACE-PCR erhaltenen Fragmente lassen sich unter Hinzunahme der Megaprime-PCR miteinander verschmelzen (▶ Kap. 10). Hierfür ist es erforderlich, dass beide Fragmente einen komplementären Bereich aufweisen, welcher wiederum durch die Anker-Oligonucleotide (hier z. B. 5'-GSP1 und 3'-GSP2) repräsentiert werden kann.

12.1   RT-PCR des 3'-Endes

- **Material**
- 0,5 ml sterile Reaktionsgefäße
- 10x RTase-Puffer (z. B. 500 mM Tris-HCl (pH 8,15 bei 42 °C), 40 mM $MgCl_2$, 400 mM KCl, 10 mM DTT)
- 10x DNA-Polymerase-Puffer (z. B. 200 mM Tris-HCl (pH 8,55), 160 mM $(NH_4)_2SO_4$, 15 mM $MgCl_2$)
- NaOH (5 M) oder
- RNase-H (5 u/µl)
- H_2O bidest., DEPC-behandelt
- 5'-GSP1-Oligonucleotid (50 pmol/µl) oder
- Poly(dC)-Primer (50 pmol/µl)
- 3'-GSP1-Oligonucleotid (50 pmol/µl), genspezifisch oder
- Oligo(dT)$_{15-20mer}$ (50 pmol/µl)
- Gesamt-RNA (~ 100 ng/µl) oder
- mRNA (~ 100 ng/µl)
- dNTP-Mix (40 mM)
- RNase-Inhibitor (50 u/µl)
- AMV Rev. Transkriptase (5 u/µl), oder MMLV Rev. Transkriptase (50 u/µl), oder *Tth*-DNA-Polymerase (5 u/µl)
- Thermostabile DNA-Polymerase (5 u/µl)

- **Durchführung**
- - **50 µl RT-Ansatz**
- 5,0 µl: 10x RTase-Reaktionspuffer
- xx µl: H_2O bidest., DEPC-behandelt
- 1,0 µl: 3'-GSP1 oder Oligo(dT)
- 1,0 µl: polyA-RNA
- 1,0 µl: dNTP-Mix (Endkonzentration 200 µM pro Nucleotid)
- 5,0 µl: ggf. $MnAc_2$ (Endkonzentration 2.5 mM) für die *Tth*-DNA-Polymerase
- xx µl: ggf. RNase-Inhibitor (50–100 u)
- xx µl: Reverse-Transkriptase (*AMV* 5 u; *MMLV* 50 u; *Tth*-DNA-Polymerase 2 u)

- - **RT-Programm**
- 1. Schritt: 5 min/70 °C
- 2. Schritt: 5 min/50–60 °C[1]

---

1   Diese Temperatur ist sehr stark von dem Tm-Wert der eingesetzten 3'-Oligonucleotide abhängig! Im Falle eines Oligo(dT)-Primers werden i. d. R. 37–45 °C eingesetzt.

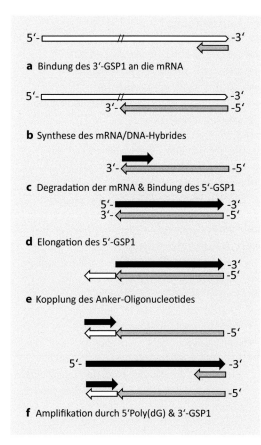

□ Abb. 12.1 Schematische Darstellung der Synthese des 3'-Endes via RT-PCR. **a** Die einzelsträngige mRNA (*weiß*) wird an dessen 3'-Ende durch den ersten genspezifischen 3'-Pimer (3'-GSP1; *grau*) gebunden. **b** Durch die Elongation des 3'-GSP1 entsteht ein RNA/DNA-Hybrid. **c** Die mRNA wird durch RNasen oder 0,2 M NaOH degradiert. **d** An das 3'-Ende des cDNA-Stranges kann nun der genspezifische 5'-Pimer (5'-GSP1; *schwarz*) binden und die Synthese des komplementären Stranges durchgeführt werden (*schwarz*). **e** Sollte die Sequenz am 5'-Ende des Gens nicht bekannt sein, dann wird anstelle des 5'-GSP1 ein definierter Einzelstrang-Linker (auch Anker-Oligonucleotid genannt) (z. B. Poly(dG)$_{(15)}$; *weiß*) mit Hilfe einer RNA Ligase gekoppelt. **f** Anschließend wird dieses Fragment durch einen 5'-poly(dC)$_{(15)}$ (*schwarz*) und den 3'-GSP1 (*grau*) amplifiziert

- 3. Schritt: 20–45 min/37–60 °C
- Anschließend kurz anzentrifugieren
- Zugabe von 2,0 µl NaOH (Endkonzentration 0,2 M) oder 2,0 µl RNase-H
- Auf Eis lagern oder
- ggf. zum Anfügen eines Anker-Primers (Poly(dG)) die erhaltene einzelsträngige cDNA

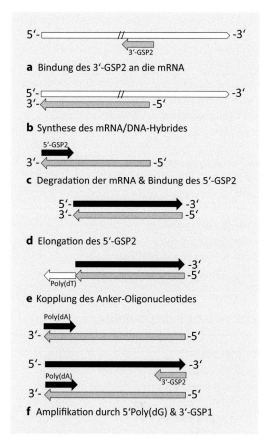

□ Abb. 12.2 Schematische Darstellung der Synthese des 5'-Endes via RT-PCR. **a** Die einzelsträngige mRNA wird weiter stromaufwärts vom zweiten genspezifischen 3'-Pimer (3'-GSP2) gebunden. Dieser kann zu den unter **□** Abb. 12.1 beschriebenen 5'-GSP1 komplementär sein. **b** Durch die Elongation des 3'-GSP2 entsteht ein RNA/DNA-Hybrid. **c** Die mRNA wird durch RNasen oder 0,2 M NaOH degradiert. An das 3'-Ende des cDNA-Stranges kann nun der zweite genspezifische 5'-Pimer (5'-GSP2) binden und die Synthese des komplementären Stranges durchgeführt werden. **d** Sollte die Sequenz am 5'-Ende des Gens ebenfalls nicht bekannt sein, dann wird anstelle des 5'-GSP2 ein definierter Einzelstrang-Linker (z. B. Poly(dT)$_{(15)}$) mit Hilfe einer RNA Ligase gekoppelt. **e** Anschließend kann dieses Fragment durch ein 5'-Poly(dA)$_{(15)}$ und den 3'-GSP2 amplifiziert werden

wie unter ▶ Abschn. 12.3 beschrieben modifizieren.

- **Durchführung**
- **PCR-Ansatz (100 µl)**
- 10 µl: 10x Polymerase-Reaktionspuffer
- xx µl: H$_2$O bidest.

- 2,0 µl: 5'-GSP1-Oligonucleotid oder Poly(dC)-Primer
- 2,0 µl: 3'-GSP1-Oligonucleotid
- xx µl: RT-Ansatz (1,0–5,0 µl)
- 2,0 µl: dNTP-Mix (Endkonzentration 200 µM pro Nucleotid)
- xx µl: thermostabile DNA-Polymerase (0,5–1,5 u)

■■ **PCR-Programm**
- 1. Schritt: 2 min/95 °C
- 2. Schritt: 30 sek/95 °C
- 3. Schritt: 2 min/50–60 °C
- 4. Schritt: 1 min/68–75 °C
- 25 Zyklen: Schritte 2–4
- 5. Schritt: 10 min/68–75 °C
- 6. Schritt: 4 °C/t = ∞

12.2 RT-PCR des 5'-Endes

- **Material**
- 0,5 ml sterile Reaktionsgefäße
- 10x RTase-Puffer (z. B. 500 mM Tris-HCl (pH 8,15 bei 42 °C), 40 mM $MgCl_2$, 400 mM KCl, 10 mM DTT)
- 10x DNA-Polymerase-Puffer (z. B. 200 mM Tris-HCl (pH 8,55), 160 mM $(NH_4)_2SO_4$, 15 mM $MgCl_2$)
- NaOH (5 M) oder
- RNase-H (5 u/µl)
- H_2O bidest., DEPC-behandelt
- 5'-GSP2-Oligonucleotid (50 pmol/µl) oder
- Poly(dA)-Primer (50 pmol/µl)
- 3'-GSP2-Oligonucleotid (50 pmol/µl), genspezifisch oder
- Oligo(dT)$_{15–20mer}$ (50 pmol/µl)
- Gesamt-RNA (~ 100 ng/µl) oder
- mRNA (~ 100 ng/µl)
- dNTP-Mix (40 mM)
- RNase-Inhibitor (50 u/µl)
- AMV Rev. Transkriptase (5 u/µl), oder MMLV Rev. Transkriptase (50 u/µl), oder *Tth*-DNA-Polymerase (5 u/µl)
- Thermostabile DNA-Polymerase (5 u/µl)

- **Durchführung**
■■ **50 µl RT-Ansatz**
- 5,0 µl: 10x RTase-Reaktionspuffer
- xx µl: H_2O bidest., DEPC-behandelt
- 1,0 µl: 3'-GSP2-Oligonucleotid
- 1,0 µl: dNTP-Mix (Endkonzentration 200 µM pro Nucleotid)
- 5,0 µl: ggf. $MnAc_2$ (Endkonzentration 2.5 mM) für die *Tth*-DNA-Polymerase
- xx µl: ggf. RNase-Inhibitor (50–100 u)
- xx µl: Reverse-Transkriptase (*AMV* 5 u; *MMLV* 50 u; *Tth*-DNA-Polymerase 2 u)

■■ **RT-Programm**
- 1. Schritt: 5 min/70 °C
- 2. Schritt: 5 min/50–60 °C[2]
- 3. Schritt: 20–45 min/37–60 °C
- Anschließend kurz anzentrifugieren
- Zugabe von 2,0 µl NaOH (Endkonzentration 0,2 M) oder 2,0 µl RNase-H
- Auf Eis lagern oder
- ggf. zum Anfügen eines Anker-Primers (Poly(dT)) die erhaltene einzelsträngige cDNA wie unter ▶ Abschn. 12.3 beschrieben modifizieren.

- **Durchführung**
■■ **PCR-Ansatz (100 µl)**
- 10 µl: 10x Polymerase-Reaktionspuffer
- xx µl: H_2O bidest.
- 2,0 µl: 5'-GSP2-Oligonucleotid oder Poly(dA)-Primer
- 2,0 µl: 3'-GSP2-Oligonucleotid
- xx µl: RT-Ansatz (1,0–5,0 µl)
- 2,0 µl: dNTP-Mix (Endkonzentration 200 µM pro Nucleotid)
- xx µl: Thermostabile DNA-Polymerase (0,5–1,5 u)

■■ **PCR-Programm**
- 1. Schritt: 2 min/95 °C
- 2. Schritt: 30 sek/95 °C
- 3. Schritt: 2 min/50–60 °C
- 4. Schritt: 1 min/68–75 °C

2   Diese Temperatur ist sehr stark von dem Tm-Wert der eingesetzten 3'-Oligonucleotide abhängig! Im Falle eines Oligo(dT)-Primers werden i. d. R. 37–45 °C eingesetzt.

- 25 Zyklen: Schritte 2–4
- 5. Schritt: 10 min/68–75 °C
- 6. Schritt: 4 °C/t = ∞

12.3 Anfügen eines Poly(dG)- oder Poly(dT)-Linkers

Das Anfügen eines Anker-Oligonucleotides an die einzelsträngigen cDNA-Fragmente wird mithilfe einer T4-RNA Ligase erreicht. Die Konstruktion der hierfür erforderlichen Oligonucleotide liegt im freien Ermessen des Experimentators. In den hier beschriebenen Beispielen wurden für einen besseren Überblick einfache Abfolgen (z. B. 5'-GGGGGGGGGGGGGGGG-3') verschiedener Nucleotide herangezogen.

- **Material**
- 0,5 ml sterile Reaktionsgefäße
- 10x T4-RNA Ligase-Reaktionspuffer (500 mM HEPES-KOH (pH 8.3), 100 mM MgCl2, 0,5 mg/ml BSA)
- DTT (500 mM)
- ATP (50 mM)
- H_2O bidest., DEPC-behandelt
- Poly(dG)-Anker-Primer (100 pmol/µl) für das 3'-Fragment
- Poly(dT)-Anker-Primer (100 pmol/µl) für das 5'-Fragment
- einzelsträngige 5'- oder 3'-cDNA-Fragmente (100 ng/µl)
- dNTP-Mix (40 mM)
- RNase-Inhibitor (50 u/µl)
- T4 RNA Ligase (5–20 u/µl)

- **Durchführung**
- **Ansatz (50 µl)**
- 5,0 µl: 10x T4-RNA Ligase-Reaktionspuffer
- xx µl: H_2O bidest.
- 1,0 µl: DTT
- 1,0 µl: ATP
- 2,0 µl: Poly(dG) oder Poly(dT)-Anker-Primer
- 2,0 µl: einzelsträngige 5'- oder 3'-cDNA-Fragmente
- 3 min/68 °C
- 1,0 µl: T4 RNA Ligase
- 30 min/37 °C

- Hitzeinaktivierung bei 65–70 °C für 3 min
- Lagerung auf Eis!

Nachdem die Anker-Oligonucleotide an die cDNA-Fragmente angefügt worden sind, können diese nun durch Einsatz der spezifischen 5'- und 3'-Oligonucleotide amplifiziert werden (▶ Abschn. 12.1 und 12.2).

12.4 Herstellung des „Full Length" PCR-Fragmentes

Der nächste Schritt ist die Verknüpfung der amplifizierten und gereinigten 5'-Fragmente und 3'-Fragmente, welche durch die beschriebene Megaprime-Methode geschehen kann (▶ Abschn. 10.2).

- **Troubleshooting**
Kein Amplifikat erhalten, oder unspezifische Banden: Siehe ▶ Abschn. 2.5
- Überprüfen, ob zu den Anker-Oligonucleotiden die komplementären Oligonucleotide eingesetzt worden sind.
- Überprüfen, ob die Anker-Oligonucleotide effektiv an die einzelsträngige cDNA ligiert worden sind. Hierfür werden Oligonucleotide eingesetzt, die innerhalb der Anker-Oligonucleotide binden (Nested PCR, ▶ Kap. 17). Falls auch hier keine Amplifikate erhalten werden können, dann Troubleshooting entsprechend ▶ Abschn. 2.5 durchführen.

Literatur

Frohman MA et al (1988) Rapid production of full-length cDNAs from rare transcripts: amplification using a single gene-specific oligonucleotide primer. Proc Natl Acad Sci USA 85(23):8998–9002

Quantitative PCR

Hans-Joachim Müller, Daniel Ruben Prange

H.-J. Müller, D. R. Prange, *PCR – Polymerase-Kettenreaktion,*
DOI 10.1007/978-3-662-48236-0_13, © Springer-Verlag Berlin Heidelberg 2016

Die Quantifizierung eines bestimmten Gens innerhalb einer bestimmten Zelle während eines spezifischen Zellzyklus ist Gegenstand vieler Forschungsarbeiten. Die Erkenntnis über das An- und Abschalten verschiedener Gene z. B. während eines Krankheitsstadiums erlaubt es uns eine gezielte Medikamententherapie entwickeln zu können. Mit den bisherigen molekularbiologischen Methoden (z. B. „Northern-Blotting") ist eine annähernde Quantifizierung spezifischer Gene möglich, aber diese Applikationen sind sehr zeitaufwendig. Durch die RT-PCR werden Sensitivität und Geschwindigkeit ausgenutzt, damit ein bestimmtes Genexpressionmuster ausgehend von der exprimierten mRNA detektiert und analysiert werden kann. Als Begriff verwendet man hierfür die QPCR (oder qPCR) (Berndt et al. 1995).

Allerdings erweist sich die Sensitivität der PCR auch als Herausforderung, da durch die PCR-Zyklen letztendlich ein sehr hohes Amplifikationsplateau erreicht wird, weshalb wiederum nur wenig über die Anzahl der am Anfang vorhandenen mRNA-Moleküle ausgesagt werden kann.

Dieses Problem wird dadurch gelöst, indem definierte „Standards" parallel zur eigentlichen Probe ebenfalls in der QPCR eingesetzt werden. Diese Standards sind mRNAs (z. B. ß-Actin, Glutathion-Aldehyd-Phosphat-Dehydrogenase = GAPDH), dessen Molekülanzahl in der untersuchten Zelle relativ genau bekannt sind (Spanakis 1993), wobei für die PCR-Ansätze diverse Konzentrationen verwendet werden. Es lassen sich auch ausgehend von cDNA *in vitro* transkribierte RNA-Fragmente synthetisieren und in verschiedenen Konzentrationen (10^2–10^7 Moleküle pro PCR-Ansatz) einsetzen. Nach Abschluss der QPCR werden die erhaltenen Daten mithilfe geeigneter Messverfahren (analytisches Agarosegel (◘ Abb. 13.1a), Szintillationsmessung, oder Real-Time-PCR-Cycler (▶ Kap. 14)) miteinander verglichen und analysiert. Der Bezug zu den Standards erlaubt eine verlässliche Aussage über die Anzahl spezifischer mRNA-Moleküle und somit dem Genexpressionsstatus eines bestimmten Gens (◘ Abb. 13.1b).

Ein nicht zu unterschätzendes Problem bei der QPCR ist die Anzahl der durchgeführten PCR-Zyklen. Theoretisch geschieht die Amplifikation von Zyklus zu Zyklus exponentiell, aber in der Realität findet nach ca. 30 Zyklen keine Verdopplung mehr der Amplifikate statt. Diese Phase ist von PCR-System (Matrize und Oligonucleotid) zu PCR-System unterschiedlich, sodass bei dem einen System nach z. B. 25 Zyklen die exponentielle Vervielfältigung nicht mehr stattfindet, wohingegen in einem anderen System diese bis zum 30. Zyklus anhält. Aus diesem Grund ist keine verlässliche Aussage über die Verteilung exprimierter Gene möglich. Dieses Problem kann dadurch vermindert werden, indem die QPCR noch während der exponentiellen Amplifaktionszyklen beendet wird. Eine andere Möglichkeit bietet das *online* Beobachten eines jeden PCR-Zyklus mithilfe der Real-Time-PCR-Cycler (▶ Kap. 14).

Weiterhin spielt die Ausgangsanzahl der zu amplifizierenden Moleküle ebenfalls eine wichtige Rolle. Eine exponentielle Vervielfältigung kann ausgehend von ca. 3000–50.000 Startmolekülen innerhalb von 20 Zyklen, von 200–3000 Matrizen innerhalb von 25 Zyklen und 10–400 Startmolekülen innerhalb von 30 Zyklen erwartet werden (Kellog et al. 1990).

13.1   Herstellung von QPCR-Standards

Die als Standards verwendeten Gene sind von der Fragestellung des jeweiligen Experimentes abhängig. Werden Zellextrakte oder gereinigte RNA-Suspensionen eingesetzt, dann werden oft die sogenannten „Housekeeping Gene" (z. B. ß-Actin, GAPDH) als Referenz RNA-Moleküle (hier als Standard A bezeichnet) herangezogen, da deren Expressionsstatus in den meisten Zellen und Gewebe bekannt ist (Spanakis 1993). Es muss beachtet werden, dass die Quantität eines Amplifikats sehr stark von der Sequenz der eingesetzten Oligonucleotide abhängig ist. Gerade bei den kommerziell erwerblichen ß-Actin und GAPDH Oligonucleotiden gibt es von Anbieter zu Anbieter Sequenzunterschiede, die eine geringere oder höhere Amplifikationsrate verursachen können.

Falls für die QPCR häufig der Expressionsstatus eines bestimmten Gens z. B. in verschiedenen Zellen oder differenten Wachstumsstadien analysiert werden soll, so ist es sinnvoll, diese Gene zu klonieren, *in vitro* zu transkribieren und die Quantität

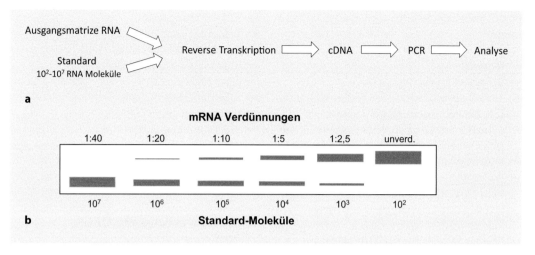

□ Abb. 13.1 Prinzip der QPCR. **a** Als Ausgangsmatrize wird i. d. R. Gesamt-RNA oder gereinigte mRNA eingesetzt. Für eine Abschätzung der Ausgangszahl spezifischer mRNA-Moleküle müssen verschiedene standardisierte Verdünnungen bekannter Matrizen herangezogen werden. **b** Nach der Reversen Transkription mit anschließender PCR werden die erhaltenen Amplifikate miteinander verglichen und die Anzahl der mRNA-Moleküle abgeschätzt. In diesem schematischen Beispiel entspricht die 1:5 Verdünnung dem Ergebnis, welches bei 10^4 Standard-Molekülen erhalten werden konnte. Generell sollten mindestens PCR-Triplikate für eine genauere Abschätzung eingesetzt werden

der erhaltenen RNA photometrisch zu bestimmen. Ausgehend von dieser Suspension lassen sich verschiedene Verdünnungen herstellen, die eine genau definierte Anzahl der spezifischen Gen-Transkripte aufweisen. Sowohl diese *in vitro* transkribierten Standards (hier Standard B genannt) als auch die zu analysierenden Proben können mit den identischen Oligonucleotiden in der QPCR amplifiziert werden.

- **Material**
- 0,5 ml sterile Reaktionsgefäße
- H_2O bidest., DEPC-behandelt
- Standard A (10 pmol/µl): z. B. mRNA
- Standard B (10 pmol/µl): z. B. in vitro transkribierte ssRNA ausgehend von dsDNA

- **Berechnung der Molekülanzahl**
- ssRNA: $1 M = M_r \sim 333$ pro Base × Anzahl der Basen (g/Liter) = 1 mol = 6×10^{23} Moleküle
  10 pmol/µl = 6×10^{12} Moleküle in einem µl = 1 µM Konzentration

- **Durchführung**
- - **100 µl Ansätze**
- 99,0 µl H_2O bidest., DEPC-behandelt + 1,0 µl Verdünnung I: 10^{12} Moleküle/100 µl = 10^{10} Moleküle/µl

- 99,0 µl H_2O bidest., DEPC-behandelt + 1,0 µl Verdünnung II: 10^8 Moleküle/100 µl = 10^6 Moleküle/µl
- 99,0 µl H_2O bidest., DEPC-behandelt + 1,0 µl Verdünnung III: 10^4 Moleküle/100 µl = 10^2 Moleküle/µl

Weitere Verdünnungen lassen sich mit diesen Ausgangslösungen einfach herstellen. Für die unten beschriebene Amplifikation werden die Verdünnungen I–III herangezogen.

13.2 Durchführung der QPCR

Dieses Beispiel einer QPCR basiert auf der unter ▶ Abschn. 11.2.1 beschriebenen RT-PCR. Generell sind natürlich auch den Anforderungen entsprechende veränderte PCR-Parameter einsetzbar. Die QPCR sollte mindestens in Triplikaten durchgeführt werden, damit die Abschätzung der erhaltenen Amplifikate fundamentierter ist.

Im Falle einer Szintillationsmessung sollten die Oligonucleotide mit z. B. P^{32} markiert werden, damit ein unmittelbarer Bezug zu den amplifizierten Fragmenten hergestellt werden kann. Vorab müssen allerdings die freien Oligonucleotide durch geeignete Reinigungsverfahren entfernt werden.

- **Material**
- 0,5 ml sterile Reaktionsgefäße
- 10x RTase- und Polymerase-Reaktionspuffer (die Zusammensetzung der angebotenen „Einpuffer"-Systeme ist von Hersteller zu Hersteller unterschiedlich)
- H_2O bidest., DEPC-behandelt
- Standard A – Verdünnung I: 10^{12} Moleküle/100 µl = 10^{10} Moleküle/µl
- Standard A – Verdünnung II: 10^8 Moleküle/100 µl = 10^6 Moleküle/µl
- Standard A – Verdünnung III: 10^4 Moleküle/100 µl = 10^2 Moleküle/µl
- Standard B – Verdünnung I: 10^{12} Moleküle/100 µl = 10^{10} Moleküle/µl
- Standard B – Verdünnung II: 10^8 Moleküle/100 µl = 10^6 Moleküle/µl
- Standard B – Verdünnung III: 10^4 Moleküle/100 µl = 10^2 Moleküle/µl
- Standard A: 5'-Oligonucleotid (50 pmol/µl)
- Standard A: 3'-Oligonucleotid (50 pmol/µl)
- Standard B: 5'-Oligonucleotid (50 pmol/µl)
- Standard B: 3'-Oligonucleotid (50 pmol/µl)
- 5'-Oligonucleotid (50 pmol/µl), genspezifisch
- 3'-Oligonucleotid (50 pmol/µl), genspezifisch
- polyA-RNA (10 ng/µl)
- dNTP-Mix (40 mM)
- RNAse-Inhibitor (50 u/µl)
- AMV Reverse-Transkriptase (5 u/µl)
- *Taq/Pwo*-DNA-Polymerase-Mix (2.5 u/µl)

- **Durchführung**
- ■■ **50 µl RT-PCR Ansatz**
- 5,0 µl: 10x RTase- und Polymerase-Reaktionspuffer
- xx µl: H_2O bidest., DEPC-behandelt
- 1,0 µl: 5'-Oligonucleotid
- 1,0 µl: 3'-Oligonucleotid
- xx µl: ggf. RNAse-Inhibitor (50–100 u)
- xx µl: polyA-RNA (10–50 ng) bzw. Verdünnungen I–III
- 3,0 µl: dNTP-Mix (Endkonzentration 600 µM pro Nucleotid)
- 1,0 µl: AMV Reverse-Transkriptase (5 u)
- 1,0 µl: *Taq/Pwo*-DNA-Polymerase-Mix (2,5 u)

- ■■ **RT-PCR Programm**
- 1. Schritt: 5 min/70 °C
- 2. Schritt: 5 min/50–60 °C[1]
- 3. Schritt: 5–30 min/42–60 °C[2]
- 4. Schritt: 2 min/95 °C
- 5. Schritt: 30 sek/95 °C
- 6. Schritt: 30 sek/50–60 °C*
- 7. Schritt: 1 min/68 °C
- 25 Zyklen: Schritte 5–7
- 8. Schritt: 10 min/68 °C
- 9. Schritt: 4 °C/t = ∞

13.3 Auswertung der QPCR

Die quantitative Abschätzung der erhaltenen Amplifikate lässt sich durch die Verwendung von mindestens drei Verdünnungen, die aus den PCR-Ansätzen hergestellt worden sind, aussagekräftiger darstellen. Beispielsweise sollten für die gelelektrophoretische Abschätzung 1, 2, 4 und 8 µl pro Spur aufgetragen werden. Dadurch wird gewährleistet, dass keine Saturierungseffekte die Abschätzung beeinflussen.

- **Troubleshooting**
- ■■ **Allgemeines Troubleshooting**
  (► Abschn. 2.5 und ► Kap. 11 bzw. 12)

Literatur

Berndt C et al (1995) Quantitative Polymerase Chain Reaction Using a DNA Hybridization Assay Based on Surface-Activated Microplates. Anal Biochem 225(2):252–257

Kellog DE et al (1990) Quantitation of HIV-1 proviral DNA relative to cellular DNA by the polymerase chain reaction. Anal Biochem 189::202–208

Spanakis E (1993) Problems related to the interpretation of autoradiographic data on gene expression using common constitutive transcripts as controls. Nucl Acids Res 21(16):3809–3819

---

1   Diese Temperatur ist sehr stark von dem Tm-Wert der eingesetzten 3'-Oligonucleotide abhängig!

2   Hierbei ist entscheidend, ob die mRNA-Matrize sehr GC-reich ist oder nicht. Bei einer Inkubationstemperatur von 60 °C ist eine Inkubationsdauer von 5–10 min ausreichend, da bei längerer Inkubation die AMV hitzeinaktiviert wird.

Real-Time-PCR

Hans-Joachim Müller, Daniel Ruben Prange

H.-J. Müller, D. R. Prange, *PCR – Polymerase-Kettenreaktion*,
DOI 10.1007/978-3-662-48236-0_14, © Springer-Verlag Berlin Heidelberg 2016

Wie bereits unter ▶ Kap. 13 erwähnt, ist die Quantifizierung der amplifizierten PCR-Produkte nach 25–30 Zyklen nicht mehr sehr einfach. Damit eine Quantifizierung der zu untersuchenden Amplicons (ca. 50–150 bp Länge) ermöglicht werden kann, haben sich verschiedene optische PCR-Systeme zur „online" Beobachtung des Amplifikationsstatus etabliert (◘ Tab. 14.1).

Diese PCR wird auch als „Real-Time"-PCR bezeichnet, da die Quantität der amplifizierten Matrizen direkt abgelesen werden kann (Freeman et al. 1999). Als Detektionshilfsmittel (Real-Time-Proben) für die Amplifikationsmenge werden i. d. R. fluoreszierende Moleküle (Fluorophore) eingesetzt, die an sequenzspezifische Oligonucleotide endständig gekoppelt sind. Hierbei kommen verschiedene Methoden zum Einsatz (◘ Tab. 14.2), wobei die Wahl der erforderlichen Real-Time-Proben abhängig von der jeweiligen Fragestellung und dem einzusetzenden Real-Time-PCR Instrument ist.

Ein umfassendes Review über die Real-Time PCR wurde von Kubista und Kollegen publiziert (Kubista et al. 2006)

Das generelle Prinzip der Detektion basiert auf Anregung (Extinktion) der eingesetzten Fluorophore durch kurzwelligeres Licht (< 495 nm), worauf höherwelliges Licht (500–800 nm) abgestrahlt (emittiert) wird. Diese Emission wird von optischen Detektionseinheiten pro PCR-Zyklus gelesen und die Fluoreszenzintensität ausgewertet. Damit die im Überschuss eingesetzten Real-Time-Proben nicht permanent „leuchten", sondern nur nach tatsächlicher Amplifikation des PCR-Fragmentes ein Emissionssignal erhalten werden kann, wurden verschiedene Wege gefunden das unspezifische Signal zu unterdrücken. Die eleganteste Art ist die „Quencher" Methode (Fluoreszenzlöschung), bei welcher ein weiteres Molekül (z. B. ein anderes Fluorophor) an das andere Ende der Real-Time Oligonucleotidproben angefügt wird, damit eine räumliche Nähe zum emittierenden Fluoreszenzmolekül gewährleistet ist (Kreuzer et al. 2001).

Durch Anregung des zu detektierenden Fluorophors findet ein Energietransfer auf das Quencher-Molekül statt, sodass keine Emission des ersten Fluorophors geschieht. Sobald aber das zu detektierende Fluorophor von dem Quencher-Molekül getrennt wird, findet der Energietransfer nicht mehr statt und die spezifische Fluoreszenz kann bei definierter Wellenlänge gemessen werden. Die Auflösung der räumlichen Nähe zwischen Fluorophor und Quencher wird in Abhängigkeit der Amplifikationszyklen und somit der Anzahl der vervielfältigten DNA-Fragmente forciert. Als Quencher-Moleküle kommen in der Real-Time-PCR Methylrot und DABCYL häufig zur Anwendung (Kreuzer et al. 2001).

◘ **Tab. 14.1** Auswahl verschiedener Real-Time-PCR-Systeme.

Hersteller	Gerät	# Proben	Fluoreszenz-kanäle	Extinktion	Emission	PCR-Para-meter
				(nm)		
Bio-Rad Laboratories	CFX Real-Time PCR Series	96–384	3–6	450–684	515–730	1–4
Biozym	PicoReal 24/96 RT-PCR Systems	24/96	5	475–640	520–740	1–4
Cepheid	SmartCycler	16	4	450–650	510–750	1–16
Life Technologies	QuantStudio Real-Time PCR Series	96–12.228	4–12	488–520	640–705	1–21
Qiagen	RotorGene Q 2plex Platforms	36/72	2	365–680	460–712	1
Roche Diagnostics	LightCycler Systems	32–1536	5/6	450–615	500–670	1

◻ Tab. 14.2 Auswahl verschiedener Real-Time-PCR-Fluorophore sowie deren Extinktions- und Emissionsparameter. Alle Fluorophore lassen sich in Abhängigkeit ihrer Extinktions- und Emissionsspektren in den verschiedenen Real-Time Instrumenten einsetzen. Mit Ausnahme des interkalierenden SYBR Greens können die genannten Fluoreszenzmoleküle an die 5′- bzw. 3′-Enden entsprechender Oligonucleotide gekoppelt werden

Fluorophor	Extinktion (nm)	Emission (nm)	Fluorophor	Extinktion (nm)	Emission (nm)
ALEXA 430	430	545	HEX	466	556
ALEXA 488	493	516	SYBRGreen	488	520
ALEXA 594	588	612	6-TAMRA	555	580
CascadeBlue	400	425	TET	488	538
Cy3	550	570	Texas Rot	595	615
Cy5	649	670	6-ROX	575	602
Cy5.5	675	694	Rhodamine	550	575
JOE	527	548	Rhodamine Grün	502	527
FAM	488	518	Rhodamine Rot	570	590

◻ Tab. 14.3 Auswahl verschiedener Real-Time-PCR-Quencher und deren Extinktionsparameter

Quencher	Extinktion (nm)	Emission (nm)
BHQ1	450–560	keine
BHQ2	550–710	keine
DABCYL	453–466	keine
Methylrot	410	keine

◻ Tab. 14.4 Maximale einzusetzende Mengen der verschiedenen Real-Time-PCR-Matrizen ausgehend von 50 µl Reaktionsvolumen

Matrize	bei Verwendung von Real-Time-Proben	im SYBRGreen System
genomische DNA	< 500 ng	< 50 ng
Plasmid-DNA	< 1 ng	< 100 pg
Gesamt-RNA	< 500 ng	< 50 ng
mRNA	< 10 ng	< 1 ng

In der Regel wird als thermostabiles Enzym die *Taq*-DNA-Polymerase für die Real-Time-PCR eingesetzt, wobei sowohl das Standard-Enzym als auch eine „Hotstart" Version ihre Anwendung findet. Die Hotstart Polymerase soll eine spezifische Amplifikation gewährleisten. Die Technik ist unter ▶ Kap. 20 ausführlich beschrieben. Es muss beachtet werden, dass der Einsatz einer Hotstart *Taq*-DNA-Polymerase einen zusätzlichen Denaturierungsschritt von 10 Minuten bei 95 °C erfordert, weshalb gerade bei Verwendung von sehr schnellen Real-Time-PCR-Cyclern (siehe ◻ Tab. 14.1) der Geschwindigkeitsvorteil minimiert wird.

Weiterhin ist zu beachten, dass die Mengen der eingesetzten Matrizen einen kritischen Wert nicht übersteigen sollen. Diese Werte können ◻ Tab. 14.4 entnommen werden.

In den nachfolgenden Unterkapiteln ist eine Auswahl der verschiedenen Real-Time Systeme sowie deren Durchführung beschrieben. Damit eine verlässliche Quantifizierung der einzelnen PCR-Fragmente gewährleistet werden kann, ist es erforderlich, dass wie unter ▶ Kap. 13 beschrieben verschiedene Standards herangezogen werden. Hierbei sollten die eingesetzten Oligonucleotide mit den gleichen Fluorophoren und Quenchern markiert sein, wobei bestimmte Anforderungen zur Konstruktion der Oligonucleotide beachtet werden müssen (siehe ◻ Tab. 14.5, 14.6, 14.7 und 14.8).

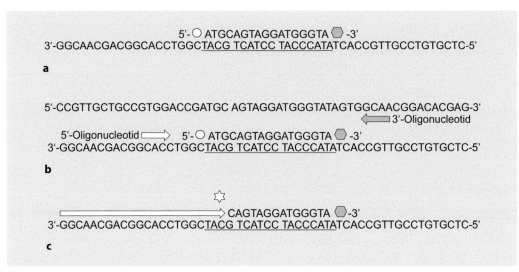

□ Abb. 14.1 Darstellung des TaqMan Systems. **a** Die Real-Time-Proben werden entsprechend der spezifischen Gensequenz am 5'-Ende mit einem Fluorophor (*weißer Kreis*) und am 3'-Ende mit einem Quencher-Molekül (*graues Sechseck*) synthetisiert. **b** Die sequenzspezifischen 5'- und 3'-Oligonucleotide sowie die Real-Time-Proben binden an die jeweilige ssDNA und nach Bindung der *Taq*-DNA-Polymerase an die freien 3'-Enden (*weißer und grauer Pfeil*) werden diese elongiert. **c** Sobald die Polymerase auf das 5'-Ende der Real-Time-Probe stößt wird dieses Oligonucleotid durch die 5'-3' Exonucleaseaktivität degradiert, sodass das Fluorophor freigesetzt wird und unter Anregung Licht emittiert (*weißer Stern*). Das Fluoreszenzsignal wird somit bei der Elongation freigesetzt und während der anschließenden PCR-Zyklen kontinuierlich gemessen. Die komplementäre Sequenz zur Real-Time-Probe ist unterstrichen

14.1   TaqMan™ System

Das „TaqMan" System basiert auf der 5'-3' Exonucleaseaktivität der *Taq*-DNA-Polymerase. Es werden neben den 5'- und 3'- Oligonucleotiden eine doppeltmarkierte Real-Time-Probe eingesetzt, die an dessen 5'-Ende das Fluorophor und am 3'-Ende ein Quencher-Molekül aufweist (□ Abb. 14.1a) (Holland et al. 1991; Woo et al. 1998). Nach Denaturierung der DNA-Matrize und Anlagerung der sequenzspezifischen Oligonucleotide (□ Abb. 14.1b) werden sowohl das 5'- als auch das 3'-Oligonucleotid durch die *Taq*-DNA-Polymerase elongiert, wobei das Enzym auf das fluoreszenzmarkierte 5'-Ende der Real-Time-Probe trifft und diese durch die 5'-3'-Exonucleaseaktivität degradiert wird (□ Abb. 14.1c). Das Fluorophor wird somit vom Quencher-Molekül getrennt und emittiert durch Anregung Licht in der erwarteten Wellenlänge, welches durch die optischen Detektoren gemessen werden kann.

Für die Konstruktion der TaqMan Real-Time-Proben gelten bestimmte Richtlinien, die unbedingt eingehalten werden sollten (□ Tab. 14.5). Wichtigstes Kriterium ist es, dass sich keine Guanidinbase am 5'-Endes des Oligonucleotides befindet, da es sonst zu einer Übertragung der Emissionsenergie vom Fluorophor auf das Guanidin kommt. Weiterhin sollten nicht mehr als drei Guanidinbasen hintereinander vorkommen. Die Messung der Fluoreszenzintensität geschieht bei 60 °C.

- **Material**
- 0,5 ml sterile Reaktionsgefäße
- 10x Reaktionspuffer-Inkomplett (z. B. 200 mM Tris-HCl (pH 8,55), 160 mM $(NH_4)_2SO_4$)
- $MgCl_2$ (25 mM)
- H_2O bidest.
- Genomische DNA (10 ng/µl)
- 5'-Oligonucleotid (25 pmol/µl)
- 3'-Oligonucleotid (25 pmol/µl)
- TaqMan Probe (25 pmol/µl); z. B. 5'-FAM-markiert
- dNTP-Mix (40 mM)
- *Taq*-DNA-Polymerase (5 u/µl)

> ◘ **Tab. 14.5** Anforderungen an die Konstruktion der TaqMan Real-Time Oligonucleotide

Anforderung an die PCR-Primer	Länge in Basen	GC-Gehalt (%)	Tm-Wert	Orientierung innerhalb des Amplicons
Real-Time-Probe	9–40	20–80	60–70 °C	mittig
5'-Oligonucleotid	10–25	50	> 58 °C	entfernt zur Real-Time-Probe
3'-Oligonucleotid	10–25	50	> 58 °C	nahe zur Real-Time-Probe

■ **Durchführung**

Es ist vorteilhaft, wenn Mastermixes für mindestens 10 PCR-Proben zusammenpipettiert und die einzelnen Oligonucleotide oder Real-Time-Proben anschließend hinzugegeben werden. Das Endvolumen der einzelnen Reaktionen kann zwischen 10 µl und 100 µl variieren. Dieses ist abhängig von dem eingesetzten Real-Time-PCR-Instrument als auch die verwendeten Reaktionsgefäße. In diesem Kapitel wird ein Volumen von 50 µl eingesetzt, wobei die einzelnen Konzentrationen auf andere Volumina direkt in Relation eingesetzt werden können. Alle Angegebenen Konzentrationen sind Richtwerte. Die optimalen Konzentrationen müssen ggf. mit den entsprechenden PCR-Systemen und Instrumenten abgeglichen werden.

■■ **PCR-Ansatz (50 µl)**
- 5,0 µl: 10x Reaktionspuffer-Inkomplett
- 28,0 µl: H_2O bidest.
- 10,0 µl: $MgCl_2$ (Endkonzentration 5 mM)
- 1,0 µl: 5'-Oligonucleotid
- 1,0 µl: 3'-Oligonucleotid
- 2,0 µl: TaqMan Probe
- 2,5 µl: Genomische DNA
- 2,0 µl: dNTP-Mix (Endkonzentration 400 µM pro dNTP)
- 0,5 µl: *Taq*-DNA-Polymerase

■■ **PCR Programm**
- 1. Schritt: 5 min/95 °C
- 2. Schritt: 15 sek/95 °C
- 3. Schritt: 1 min/60 °C[1]
- 40 Zyklen: Schritte 2–3
- 4. Schritt: $RT^2/t = \infty$

14.2 Molecular Beacons System

In diesem Real-Time-PCR System werden neben den 5'- und 3'- Oligonucleotiden auch doppeltmarkierte Real-Time-Proben eingesetzt, welche ebenfalls am 5'-Ende das Fluorophor und am 3'-Ende ein Quencher-Molekül aufweisen (◘ Tab. 14.6). Allerdings werden am 5'- und 3'-Ende komplementäre Sequenzen eingesetzt, damit diese Proben als freie Oligonucleotide eine stabile „Hairpin"-Struktur ausbilden (◘ Abb. 14.2a) (Tyagi et al. 1999, 1998; Kostrikis et al. 1998). Diese Sekundärstruktur bringt das Fluorophor und den Quencher in unmittelbare Nähe, weshalb die ungebundenen Proben kein Fluoreszenzsignal emittieren. Nach dem Annealen der sequenzspezifischen Oligonucleotide sowie der Real-Time-Probe wird der Quencher von dem Fluorophor so weit entfernt, dass es zu einer Emission in der erwarteten Wellenlänge des Fluorophors kommt, weshalb in Abhängigkeit der amplifizierten DNA-Fragmente die Fluoreszenzintensität pro PCR-Zyklus ansteigt (◘ Abb. 14.2b). Die Polymerase verlängert die sequenzspezifischen Oligonucleotide, worauf die Real-Time-Probe während der Elongation von der DNA-Matrize verdrängt wird. Dadurch wird die Hairpin-Struktur erneut ausgebildet und es kommt zu „quenchen" der Fluoreszenz. Auch bei den Molecular Beacons lassen sich FAM und Methylrot als Fluorophor und Quencher einsetzen.

---

1   Diese Temperatur ist sehr stark vom Tm-Wert der eingesetzten Oligonucleotide abhängig! Die einzelnen Tm-Werte der verschiedenen Oligonucleotidpaare sollten bei der gewählten Annealing-Temperatur gleich gut binden.

2   Nach Abschluss der PCR-Zyklen wird i. d. R. RT-Temperatur einprogrammiert, wobei die tatsächliche ca. 3-5 °C über die RT in Abhängigkeit des Gerätes liegen wird.

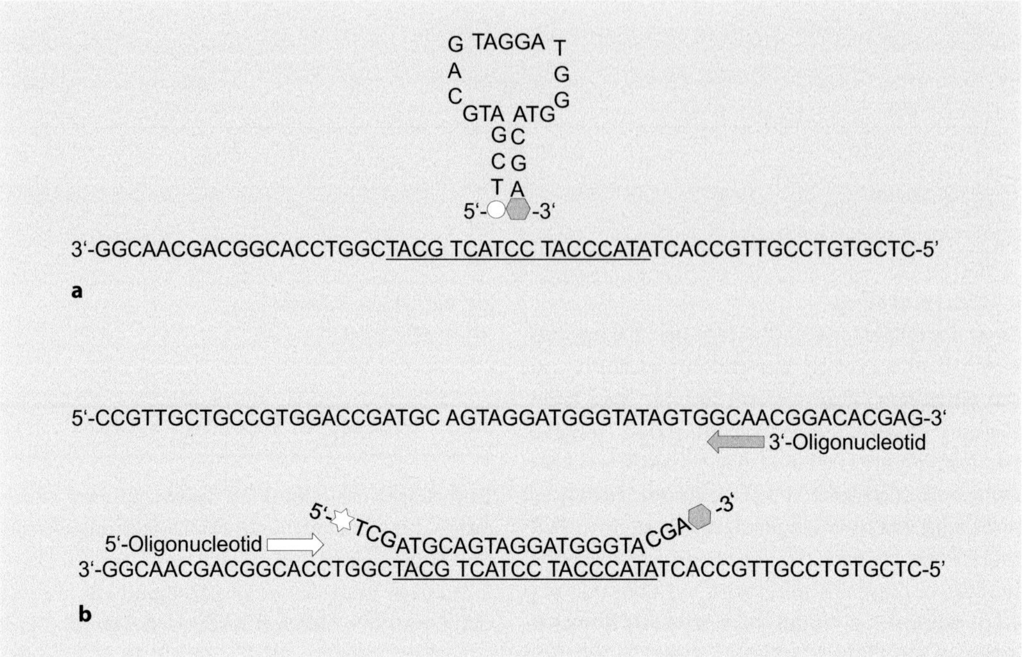
G TAGGA T
A G
C G
GTA ATG
GC
CG
TA
5'- -3'
3'-GGCAACGACGGCACCTGGCTACG TCATCC TACCCATATCACCGTTGCCTGTGCTC-5'
a
5'-CCGTTGCTGCCGTGGACCGATGC AGTAGGATGGGTATAGTGGCAACGGACACGAG-3'
3'-Oligonucleotid
5'- TCGATGCAGTAGGATGGGTACGA -3'
5'-Oligonucleotid
3'-GGCAACGACGGCACCTGGCTACG TCATCC TACCCATATCACCGTTGCCTGTGCTC-5'
b

Abb. 14.2 Schema des Molecular Beacon Systems. **a** Die Molecular Beacon Proben werden entsprechend der spezifischen Gensequenz am 5′-Ende mit einem Fluorophor (*weißer Kreis*) und am 3′-Ende mit einem Quencher-Molekül (*graues Sechseck*) synthetisiert, wobei die endständigen Nucleotide komplementär zueinander sind. **b** Nach Bindung der Real-Time-Probe an die DNA-Matrize werden Quencher und Fluorophor soweit voneinander getrennt, dass unter Anregung Licht emittiert wird (*weißer Stern*). Alle freien Molecular Beacon Proben bilden wiederum die Hairpin-Strukturen aus, weshalb diese nicht detektiert werden. Das Fluoreszenzsignal wird nur bei dem Annealing freigesetzt und gemessen. Die komplementäre Sequenz zur Real-Time Probe ist unterstrichen.

Tab. 14.6 Anforderungen an die Konstruktion der Molecuar Beacon Real-Time Oligonucleotide. Auch hier darf kein Guanidin direkt an das FAM Fluorophor lokalisiert sein

Anforderung an die PCR-Primer	Länge in Basen	GC-Gehalt (%)	Tm-Wert	Orientierung innerhalb des Amplicons
Real-Time-Probe	12–30	50	60–70 °C	mittig
5′-Oligonucleotid	10–25	50	55–60 °C	entfernt zur Real-Time-Probe
3′-Oligonucleotid	10–25	50	55–60 °C	nahe zur Real-Time-Probe

Material

- 0,5 ml sterile Reaktionsgefäße
- 10x Reaktionspuffer-Inkomplett (z. B. 200 mM Tris-HCl (pH 8,55), 160 mM $(NH_4)_2SO_4$)
- $MgCl_2$ (25 mM)
- H_2O bidest.
- Genomische DNA (10 ng/µl)
- 5′-Oligonucleotid (25 pmol/µl)
- 3′-Oligonucleotid (25 pmol/µl)
- Molecular Beacon Probe (25 pmol/µl); z. B. 5′-FAM- und 3′-Methylrot-markiert
- dNTP-Mix (40 mM)
- thermostabile DNA-Polymerase (5 u/µl)

Durchführung

Generell gelten die gleichen Empfehlungen, Inkubationsbedingungen als auch PCR-Parameter, wie sie für das TaqMan System beschrieben sind.

◾◾ PCR-Ansatz (50 µl)
- 5,0 µl: 10x Reaktionspuffer-Inkomplett
- xx µl: H_2O bidest.
- xx µl: $MgCl_2$ (Endkonzentration 2–4 mM)
- 1,0 µl: 5′-Oligonucleotid
- 1,0 µl: 3′-Oligonucleotid
- 1,0 µl: Molecular Beacon Probe
- 2,5 µl: Genomische DNA
- 2,0 µl: dNTP-Mix (Endkonzentration 400 µM pro dNTP)
- 0,5 µl: thermostabile DNA-Polymerase

◾◾ PCR Programm
- 1. Schritt: 5 min/95 °C
- 2. Schritt: 15 sek/95 °C
- 3. Schritt: 1 min/60–70 °C[3]
- 40 Zyklen: Schritte 2–3
- 4. Schritt: RT/t = ∞

14.3 Scorpions™ System

Bei den „Scorpion"-Proben werden auch das Zusammenspiel zwischen Fluorophor und Quencher ausgenutzt. Hierbei ist ebenfalls eine räumliche Nähe beider Moleküle durch eine stabile Hairpin-Struktur ausgeprägt. Gegenüber den vorher beschriebenen Real-Time-Proben binden die Scorpion-Proben als endständige Oligonucleotide (Whitcombe et al. 1999a, 1999b; Thelwell et al. 2000). Weiterhin beinhalten diese Proben zusätzliche genspezifische Sequenzen innerhalb der Hairpin-Struktur sowie ein „Blocker"-Molekül (z. B. Hexethylene Glycol: HEG) (◻ Abb. 14.3a). Dieses Molekül hindert die DNA-Polymerase daran, dass ein komplementärer Strang nur bis zu diesem Blocker ausgehend vom 3′-Oligonucleotid synthetisiert werden kann. Nach Denaturierung der DNA-Matrize und Anlagerung der Scorpion-Proben sowie der 3′-Oligonucleotide werden diese ebenfalls durch die *Taq*-DNA-Polymerase elongiert. Dadurch werden die Scorpion-Proben mit dem amplifizierten Fragment kovalent verbunden (◻ Abb. 14.3b),

sodass nach dem folgenden Annealing-Schritt die zusätzliche genspezifische Sequenz innerhalb der Hairpin-Struktur an die komplementären Nucleotide bindet. Fluorophor und Quencher-Molekül werden wiederum getrennt, sodass Licht emittiert wird (◻ Abb. 14.3b).

Es werden für die Detektion der Scorpion Real-Time-Proben sowohl sehr schnelle als auch normale Zykluszeiten eingesetzt. Der Vorteil bei Verwendung von Scorpion Real-Time-Proben ist darin begründet, dass diese in der sehr schnellen PCR gegenüber den TaqMan oder Molecular Beacons Real-Time-Proben eine deutlich höhere Fluoreszenzintensität aufweisen (Thelwell et al. 2000). Allerdings sollten zum Vergleich verschiedener Real-Time-*PCR*-Systeme einheitliche Zyklusparameter angestrebt werden, sodass auch die „langsamere" PCR nachfolgend beschrieben ist.

◾ Material
- 0,5 ml sterile Reaktionsgefäße
- 10x Reaktionspuffer-Komplett (z. B. 200 mM Tris-HCl (pH 8,55), 160 mM $(NH_4)_2SO_4$, 15 mM $MgCl_2$)
- H_2O bidest.
- BSA (10 µg/ml in H_2O bidest.)
- Genomische DNA in 1 % BSA (5 ng/µl)
- 5′-Oligonucleotid (25 pmol/µl)
- 3′-Oligonucleotid (25 pmol/µl)
- Scorpion-Probe (25 pmol/µl), z. B. 5′-FAM-; HEG- und 3′-Methylrot-markiert
- dNTP-Mix (40 mM)
- thermostabile DNA-Polymerase (0,5 u/µl), vorab 1:10 in H_2O bidest. verdünnt

◾ Durchführung
◾◾ PCR-Ansatz (50 µl)
- 5,0 µl: 10x Reaktionspuffer-Komplett
- xx µl: H_2O bidest.
- 1,25 µl: BSA (Endkonzentration 250 ng/µl)
- 1,0 µl: 5′-Oligonucleotid
- 1,0 µl: 3′-Oligonucleotid
- xx µl: Scorpion-Probe (Herstellerangbaen beachten)
- 2,0 µl: Genomische DNA
- 2,0 µl: dNTP-Mix
- 1,0 µl: thermostabile DNA-Polymerase (Gesamteinheiten: 0,5 u)

---

3 Diese Temperatur ist sehr stark von dem Tm-Wert der eingesetzten Oligonucleotide abhängig! Die einzelnen Tm-Werte der verschiedenen Oligonucleotidpaare sollten bei der gewählten Annealing-Temperatur gleich gut binden.

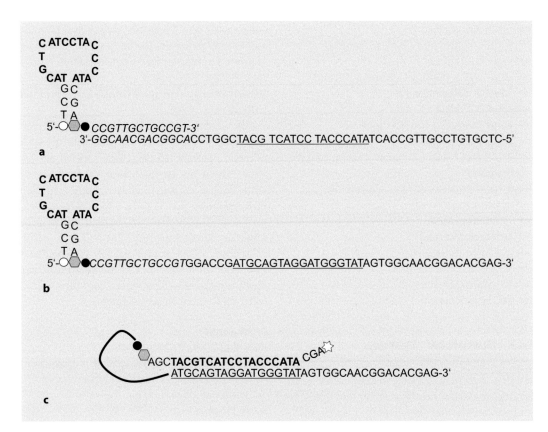

◻ Abb. 14.3 Schema des Scorpion-Systems. **a** Die Scorpion-Proben werden am 5′-Ende mit einem Fluorophor (*weißer Kreis*) und stromabwärts mit einem Quencher-Molekül (*graues Sechseck*) sowie einem Blocker-Molekül (*schwarzer Kreis*) synthetisiert. Zwischen dem Fluorophor und Quencher wird eine Hairpin-Struktur und eine genspezifische Sequenz (*fett markiert*) inseriert, die eine komplementäre Sequenz stromabwärts dieser Real-Time-Probe bindet (*unterstrichen*). Das 3′-Ende der Scorpion-Probe wird durch die endständige genspezifische 5′-Sequenz (*kursiv*) repräsentiert. **b** Nach Bindung der Real-Time-Probe an die DNA-Matrize und anschließender Elongation wird die Scorpion-Probe kovalent mit dem neusynthetisierten Fragment verbunden. **c** Im darauffolgenden Annealing-Schritt bindet die interne genspezifische Sequenz an die komplementäre Nucleotidabfolge, worauf Quencher und Fluorophor voneinander getrennt werden und es zur Anregung des Fluorophors kommt (*weißer Stern*). Alle freien Scorpion-Proben bilden wiederum die Hairpin-Strukturen aus, weshalb diese nicht detektiert werden

◻ Tab. 14.7 Anforderungen an die Konstruktion der Scorpion Real-Time Oligonucleotide

Anforderung an die PCR-Primer	Länge in Basen	GC-Gehalt (%)	Tm-Wert	Orientierung innerhalb des Amplicons
Real-Time-Probe	9–40	20–80	65–70 °C	mittig
5′-Oligonucleotid	10–25	50	58–60 °C	entfernt zur Real-Time-Probe
3′-Oligonucleotid	10–25	50	58–60 °C	nahe zur Real-Time-Probe

◻ Abb. 14.4 Darstellung des FRET Systems. **a** Es werden zwei genspezifische Real-Time-Proben eingesetzt, die jeweils mit einem Fluorophor (Fluorophor 1: *schwarzer Stern* und Fluorophor 2: *grauer Kreis*) markiert sind. **b** Während des Annealings binden diese Oligonucleotide ebenfalls an die Matrize und gelangen somit in unmittelbare Nähe zueinander. Durch die permanente Anregung des ersten Fluorophors kann daraufhin ein Energietransfer (*Pfeilbogen*) stattfinden, welcher eine Emission des zweiten Fluorophors und somit die Quantitätsmessung bewirkt. **c** Durch die Elongation der *Taq*-DNA-Polymerase werden die Real-Time-Proben von der Matrize verdrängt oder durch die 5′→3′-Exonucleaseaktivität des Enzyms degradiert

▪▪　PCR Programm: Schnell
- 1. Schritt: 2 min/95 °C
- 2. Schritt: 0 sek/95 °C
- 3. Schritt: 0 sek/50–60 °C*
- 4. Schritt: 3–10 sek Monitoring bei 50–60 °C**
- 50 Zyklen: Schritte 2–4
- 5. Schritt: RT/t = ∞

▪▪　PCR Programm: Normal
- 1. Schritt: 2 min/95 °C
- 2. Schritt: 30 sek/95 °C
- 3. Schritt: 60 sek/50–60 °C[4]
- 4. Schritt: 30 sek/72 °C
- 5. Schritt: 3–10 sek Monitoring bei 50–60 °C[5]
- 50 Zyklen: Schritte 2–4
- 6. Schritt: RT/t = ∞

---

[4]　Diese Temperatur ist sehr stark von dem Tm-Wert der eingesetzten Oligonucleotide abhängig! Die einzelnen Tm-Werte der verschiedenen Oligonucleotidpaare sollten bei der gewählten Annealing-Temperatur gleich gut binden.

[5]　Das Monitoring der Fluoreszenz kann in Abhängigkeit des eingesetzten Real-Time-PCR Instrumentes variieren. Hierfür ist nach Angaben des Herstellers zu verfahren.

14.4　FRET™ System

In diesem Real-Time-PCR System werden zwei verschiedene Fluorophore eingesetzt, die in räumlicher Nähe zueinander sein müssen, damit ein entsprechendes Fluoreszenzsignal gemessen werden kann. Das Prinzip beruht auf einen Energietransfer eines angeregten Fluorophors auf ein anderes Fluorophor, welches wiederum Licht bei einer bestimmten Wellenlänge emittiert. Dieses System wird als „Fluorescence Resonance Energy Transfer" (FRET) System bezeichnet (Caplin et al. 1999; Ju et al. 1995). Für eine Durchführung dieses Systems sind zwei verschiedene Real-Time-Proben erforderlich. Die zum 5′-Ende orientierte Probe weist an dessen 3′-Ende das erste Fluorophor auf, welches durch Anregung Energie auf ein geeignetes „Partner-Fluorophor" überträgt (◻ Tab. 14.7). Dieses zweite Fluorophor ist am 5′-Ende der zweiten Real-Time-Probe lokalisiert (◻ Abb. 14.4a). Nach Denaturierung der DNA-Matrize und Anlagerung der sequenzspezifischen Oligonucleotide sowie der Real-Time-Proben wird die Anregungsenergie des ersten Fluorophors auf das zweite übertragen. Hierdurch wird das amplifizierte DNA-Fragment quantitativ gemessen. Durch

○ **Tab. 14.8** Anforderungen an die Konstruktion der FRET Real-Time Oligonucleotide

Anforderung an die PCR-Primer	Länge in Basen	GC-Gehalt (%)	Tm-Wert	Geeignetes Fluorophor
5'-Real-Time-Probe	9–40	20–80	65–70 °C	LC 640 or LC 705
3'-Real-Time-Probe	9–40	20–80	65–70 °C	FAM
5'-Oligonucleotid	10–25	50	58–60 °C	
3'-Oligonucleotid	10–25	50	58–60 °C	

die Elongation der *Taq*-DNA-Polymerase werden die Real-Time-Proben von der Matrize verdrängt oder durch die 5'-3'-Exonucleaseaktivität degradiert (○ Abb. 14.4c).

■ **Material**
– 0,5 ml sterile Reaktionsgefäße
– 10x Reaktionspuffer-Komplett (z. B. 200 mM Tris-HCl (pH 8,55), 160 mM $(NH_4)_2SO_4$, 15 mM $MgCl_2$)
– H_2O bidest.
– Genomische DNA (10 ng/µl)
– 5'-Oligonucleotid (5 pmol/µl)
– 3'-Oligonucleotid (5 pmol/µl)
– 5'-Real-Time-Probe (1 pmol/µl)
– 3'-Real-Time-Probe (1 pmol/µl)
– dNTP-Mix (40 mM)
– thermostabile DNA-Polymerase (0,5 u/µl), vorab 1:10 in H_2O bidest. verdünnt

■ **Durchführung**
■■ **PCR-Ansatz (20 µl)**
– 2,0 µl: 10x Reaktionspuffer-Komplett
– 5,0 µl: H_2O bidest.
– 1,0 µl: 5'-Oligonucleotid
– 1,0 µl: 3'-Oligonucleotid
– 4,0 µl: 5'-Real-Time-Probe
– 4,0 µl: 3'-Real-Time-Probe
– 1,0 µl: Genomische DNA (Endkonzentration 10 ng)
– 1,0 µl: dNTP-Mix (Endkonzentration 400 µM pro dNTP)
– 1,0 µl: thermostabile DNA-Polymerase (Gesamteinheiten: 0,5 u)

■■ **PCR Programm**
– 1. Schritt: 5 min/95 °C
– 2. Schritt: 30 sek/95 °C
– 3. Schritt: 30 sek/50–60 °C[6]
– 4. Schritt: 1 min/65–75 °C
– 25 Zyklen: Schritte 2–4
– 5. Schritt: 10 min/65–75 °C
– 6. Schritt: 4 °C/t = ∞

14.5   SYBRGreen™ Detektion

Zwischen doppelsträngigen Nucleinsäuren können kleine Moleküle eingebunden (interkaliert) werden, die daraufhin unter Anregung von kurzwelligen UV-Licht längerwelliges Licht (530 nm) emittieren. Diese Substanzen nennt man Interkalatoren, wobei der bekannteste Vertreter das mutagene Ethidiumbromid ist (siehe ► Kap. 5). Allerdings bindet dieses Molekül auch an einzelsträngige Nucleinsäuren, weshalb es für eine Verwendung zum Nachweis von PCR-Amplifikaten nicht geeignet ist. Für den spezifischen Nachweis von dsDNA hat sich der Interkalator *SYBRGreen*™ durchgesetzt (Day et al. 2000). In Abhängigkeit der Quantität amplifizierter DNA steigt die Fluoreszenzintensität an.

Es lassen sich auch Schmelzpunktanalysen hinsichtlich der Bindungsaffinität verschiedener Oligonucleotide durchführen, um z. B. die genomische DNA auf Anwesenheit von bekannten SNPs zu untersuchen (Prince et al. 2001). Weiterhin kann SYBRGreen auch als Amplifikations-Kontrolle

---

6   Diese Temperatur ist sehr stark von dem Tm-Wert der eingesetzten Oligonucleotide abhängig! Die einzelnen Tm-Werte der verschiedenen Oligonucleotidpaare sollten bei der gewählten Annealing-Temperatur gleich gut binden.

während der eigentlichen Real-Time-PCR herangezogen werden. Alle PCR-Ansätze werden mit den identischen PCR-Komponenten zusammenpipettiert, wobei im Falle der SYBRGreen-Proben die eigentliche Real-Time-Probe gegen A.bidest. ausgewechselt wird.

- **Material**
- 0,5 ml sterile Reaktionsgefäße
- 10x Reaktionspuffer-Komplett (z. B. 200 mM Tris-HCl (pH 8,55), 160 mM $(NH_4)_2SO_4$, 15 mM $MgCl_2$)
- H_2O bidest.
- Genomische DNA (10 ng/µl)
- 5′-Oligonucleotid (50 pmol/µl)
- 3′-Oligonucleotid (50 pmol/µl)
- dNTP-Mix (40 mM)
- SYBRGreen™ (10.000x konzentriert; Molecular Probes)
- *Taq*-DNA-Polymerase (0,5 u/µl), vorab 1:10 in H_2O bidest. verdünnt

- **Durchführung**
- **PCR-Ansatz (50 µl)**
- 5,0 µl: 10x Reaktionspuffer-Komplett
- xx µl: H_2O bidest.
- 1,0 µl: 5′-Oligonucleotid
- 1,0 µl: 3′-Oligonucleotid
- 0,5 µl: Genomische DNA
- 2,0 µl: dNTP-Mix (Endkonzentration 400 µM pro dNTP)
- xx µl: SYBRGreen (Endkonzentration 1:40.000 verdünnt)
- 1,0 µl: *Taq*-DNA-Polymerase (Gesamteinheiten: 0,5 u)

- **PCR Programm**
Das PCR-Programm richtet sich jeweils nach den oben beschriebenen Real-Time-PCR-Parametern bzw. den für das PCR-System erforderlichen Bedingungen.

- **Troubleshooting**
- **Allgemeines Troubleshooting (▶ Abschn. 2.5)**
Kein Fluorcszenzsignal messbar:
- Überprüfen, ob der richtige Monitoring-Kanal gewählt wurde.

- Überprüfen, ob das Fluorophor im Ansatz ist. Als Fluorophor-Kontrolle den Real-Time-PCR-Ansatz ohne Matrize einsetzen.
- Das Fluorophor kann durch vorherige Exposition grellen Lichts gebleicht worden sein. Ggf. einen neuen Mastermix mit „frischen" Reagenzien herstellen.
- Das Fluorophor kann durch mehrmaligem Einfrier/Auftau-Zyklen degradiert worden sein. Ggf. einen neuen Mastermix mit „frischen" Reagenzien herstellen.
- Überprüfen, ob Luftblasen im Reaktionsgefäß sind.
- Überprüfen, ob die richtige Monitoringzeit und -Temperatur eingestellt ist.
- Überprüfen, ob die Oligonucleotide ein Amplifikat synthetisieren können. Hierfür ggf. SYBRGreen als Interkalator einsetzen, oder eine Gelanalyse durchführen.
- Überprüfen, ob die Matrize nicht zu hoch konzentriert ist.
- Überprüfen, ob die Matrize inhibierende Substanzen enthält (siehe Troubleshooting in ▶ Abschn. 2.5).
- Bei Amplifkation von DNA-Fragmenten, die größer als 1000 bp sind, kann es vorkommen, dass das Fluoreszenzsignal deutlich herabgesetzt wird.

Fluoreszenzsignal ist sehr gering:
- Die Konzentration der eingesetzten Fluorophore bzw. Real-Time-Proben ist zu gering.
- Die Real-Time-Proben wurden falsch gelagert oder grellem Licht ausgesetzt. Bei −20 °C im Dunkeln lagern.
- Geringe Amplifikationsrate durch nichtoptimale Oligonucleotide. Dieses kann durch Erhöhung der Annealing-Temperatur oder durch Konstruktion neuer Oligonucleotide verbessert werden.

Die Negativ-Kontrolle zeigt ein falschpositives Signal an:
- Bei Verwendung von Real-Time-Proben sind die PCR-Komponenten vermutlich kontaminiert.
- Bei Verwendung von SYBRGreen Proben sind die PCR-Komponenten vermutlich ebenfalls

kontaminiert, oder die Oligonucleotide bilden Primer-Dimer-Strukturen.

Der Hintergrund ist sehr hoch:
- Die *Konzentration der Real-Time-Probe ist zu hoch.*
- *Die Real-Time-Probe* bindet nicht spezifisch.
- Die Amplifikationsrate ist sehr gering, sodass der Hintergrund verglichen dazu als sehr hoch erscheint.

Auftreten eines zweiten Peaks innerhalb eines Amplifikates:
- Die Real-Time-*Probe* oder die Oligonucleotide binden mehrmals an die Amplifikate.
- Auftreten von Pseudogenen oder Primer-Dimer-Strukturen. Diese kann durch Touch-down- oder Hotstart-PCR verhindert werden (▶ Kap. 20).

Literatur

Caplin BE et al (1999) The most direct way to monitor PCR amplification for quantification and mutation detection. Biochemica 1:5–8

Holland PM et al (1991) Detection of specific polymerase chain reaction product by utilizing the 5'----3' exonuclease activity of Thermus aquaticus DNA polymerase. Proc Natl Acad Sci USA 88(16):7276–7280

Ju J et al (1995) Fluorescence energy transfer dye-labeled primers for DNA sequencing and analysis. Proc Natl Acad Sci USA 92(10):4347–4351

Kostrikis LG et al (1998) Spectral Genotyping of Human Alleles. Science 279(5354):1228–1229

Kubista M (2006) The real-time polymerase chain reaction. Mol Apsects Med 27:95

Tuma RS et al (1999) Characterization of SYBR Gold nucleic acid gel stain: a dye optimized for use with 300-nm ultraviolet transilluminators. Anal Biochem 268(2):278–288

Tyagi S, Kramer FR (1996) Molecular beacons: probes that fluoresce upon hybridization. Nat Biotechnol 14(3):303–308

Tyagi S et al (1998) Multicolor molecular beacons for allele discrimination. Nat Biotechnol 16(1):49–53

Whitcombe D et al (1999a) Am J Hum genet 65:2333

Whitcombe D et al (1999b) Detection of PCR products using self-probing amplicons and fluorescence. Nat Biotechnol 17(8):804–807

Woo THS (1998) Identification of Pathogenic Leptospiraby TaqMan Probe in a LightCycler. Anal Biochem 256(1):132–134

Colony PCR

Hans-Joachim Müller, Daniel Ruben Prange

H.-J. Müller, D. R. Prange, *PCR – Polymerase-Kettenreaktion,*
DOI 10.1007/978-3-662-48236-0_15, © Springer-Verlag Berlin Heidelberg 2016

Eine effiziente und qualitative Isolierung von Nucleinsäuren aus geringsten Mengen biologischen Materials wie z. B. einzelnen Bakterienkolonien oder geringen Volumina Vollbluts ist für den Einsatz in der PCR essentiell. Die isolierte Nucleinsäure muss frei von Kontaminationen sein, welche die PCR inhibieren könnte. Weiterhin ist es für die Aufbereitung vieler Proben erforderlich, dass diese Methode eine schnelle, sichere und reproduzierbare Durchführung erlaubt. Ein zusätzlicher Vorteil ist es, wenn die Isolierung der Nucleinsäuren aus vielen unterschiedlichen Zelltypen funktioniert.

Mit Hilfe geeigneter Nucleinsäureisolierungskits können die oben beschriebenen Vorteile einer effizienten und schnellen Isolierung von DNA oder RNA für den Einsatz in der PCR erreicht werden. Es gibt verschiedene kommerziell erhältliche PCR-Zusätze, die ein großes Spektrum unterschiedlicher Organismen und Zelltypen innerhalb von Sekunden direkt im PCR-Ansatz aufschließen, und somit die isolierte Nucleinsäure amplifiziert werden kann. Es werden hierbei das biologische Ausgangsmaterial mit 10–20 µl der Aufschlusssuspension vermengt und anschließend direkt dem PCR-Ansatz beigemengt. In Abhängigkeit des eingesetzten biologischen Materials sind ggf. verschiedene Heiz- und Kühlphasen vor Beginn der eigentlichen Amplifikationsreaktion notwendig. Im Falle von *E.coli* Bakterien oder humanen mononucleären Zellen im Vollblut reicht ein kurzes Erhitzen für 5 Minuten auf 95 °C vor Beginn der PCR aus, um die Zellen aufzuschließen und die Nucleinsäuren freizusetzen. PCR-Inhibierende Substanzen werden i. d. R. durch die Aufschlusssuspension aggregiert, sodass diese keinen negativen Einfluss auf die PCR-Effektivität haben (Dallas-Yang et al. 1998; Menossi et al. 2000; van Zeijl et al. 1997; Ward 1992).

- **Materialien**
- 0,5 ml sterile Reaktionsgefäße
- 10x Reaktionspuffer-Komplett (z. B. 200 mM Tris-HCl (pH 8,55), 160 mM $(NH_4)_2SO_4$, 15 mM $MgCl_2$)
- H_2O bidest.
- xx µl Aufschlusssuspension
- z. B. Bakterienkolonie oder einige µl Vollblut
- 5′-Oligonucleotid (50 pmol/µl)

- 3′-Oligonucleotid (50 pmol/µl)
- dNTP-Mix (40 mM)
- thermostabile DNA-Polymerase (0,5 u/µl), vorab 1:10 mit H_2O bidest. verdünnt.

- **Durchführung**
- - **Pipettierschema für 90 µl PCR-Mastermix**
- 5,0 µl: 10x Reaktionspuffer-Komplett
- 80 µl: H_2O bidest.
- 1,0 µl: 5′-Oligonucleotid
- 1,0 µl: 3′-Oligonucleotid
- 2,0 µl: dNTP-Mix (Endkonzentration 400 µM pro dNTP)
- 1,0 µl: thermostabile DNA-Polymerase (Gesamteinheiten: 0,5 u)

- - **Zellaufschluss**
- Jeweils xx µl PCR-Mix pro Zellaufschlussprobe ansetzen. Das Endvolumen beträgt für die PCR jeweils 100 µl, sodass alle Pufferkomponenten in dem xx µl Mastermix in ihrer Endkonzentration auf 100 µl bezogen sein müssen.
- Auf Eis lagern.
- 1 µl Zellmaterial bzw. eine Bakterienkolonie in ein PCR-Reaktionsgefäß überführen.
- xx µl Aufschlusssuspension direkt auf die Probe geben und miteinander vermengen.
- Den Ansatz für 3 Minuten bei 95 °C inkubieren.
- Kurz anzentrifugieren (15 sek/12.000–15.000 upm) und Reaktionsgefäß auf Eis stellen.
- Den PCR-Mix (z. B. 90 µl) direkt auf die Zellaufschlussprobe pipettieren und PCR starten.

- - **PCR Programm**
- 1. Schritt: 5 min/94 °C
- 2. Schritt: 30 sek/94 °C
- 3. Schritt: 30 sek/50–60 °C[1]
- 4. Schritt: 1 min/65–75 °C
- 30 Zyklen: Schritte 2–4
- 5. Schritt: 10 min/65–75 °C
- 6. Schritt: 4 °C/t = ∞

---

1   Diese Temperatur ist sehr stark von dem Tm-Wert der eingesetzten Oligonucleotide abhängig! Die einzelnen Tm-Werte der verschiedenen Oligonucleotidpaare sollten bei der gewählten Annealing-Temperatur gleich gut binden.

- **Troubleshooting**
- ▪▪ **Allgemeines Troubleshooting**
  (► Abschn. 2.5)

Kein Amplifikat erhalten:

— Überprüfen, ob PCR-inhibierende Substanzen durch den Zellaufschluss freigesetzt wurden, indem eine PCR-Positivkontrolle direkt in die jeweiligen PCR-Ansätze pipettiert und nochmals amplifiziert werden.

— Überprüfen, ob der Zellaufschluss erfolgreich war, indem der PCR-Ansatz lichtmikroskopisch auf intakte Zellen untersucht wird. Ggf. das Volumen der Aufschlusssuspension erhöhen und den PCR-Mastermix dementsprechend reduzieren. Im Falle sehr stabiler Zellmembranen (Gram-positive Bakterien, Sporen, Pflanzenzellen, etc.) die Heiz- (2 min/95 °C) und Kühlzyklen (2 min/0 °C) drei bis fünfmal wiederholen.

Literatur

Dallas-Yang Q et al (1998) Avoiding false positives in colony PCR. Biotechniques 24:580

Menossi M et al (2000) Making Colony PCR Easier by Adding Gel-Loading Buffer to the Amplification Reaction. Biotechniques 28:424

van Zeijl CM et al (1997) An improved colony-PCR method for filamentous fungi for amplification of PCR-fragments of several kilobases. J Biotechnol 59(3):221

Ward AC (1992) Rapid analysis of yeast transformants using colony-PCR. Biotechniques 13(3):350

PCR zur Mutationsanalyse

Hans-Joachim Müller, Daniel Ruben Prange

H.-J. Müller, D. R. Prange, *PCR – Polymerase-Kettenreaktion,*
DOI 10.1007/978-3-662-48236-0_16, © Springer-Verlag Berlin Heidelberg 2016

Die PCR lässt sich nicht nur zur Detektion oder Klonierung von DNA-Fragmenten einsetzen, sondern auch für die Analyse und Herstellen von Mutationen (Bottema und Sommer 1993; Templeton 1992; Komiyama et al. 1997).

16.1   Auffinden von Mutationen

Das Auffinden von Mutationen, beispielsweise in einem Genom, mit Hilfe der PCR kann prinzipiell durch zwei unterschiedliche Methoden gewährleistet werden. Die eine Möglichkeit ist, einen definierten DNA-Bereich, bei dem die Mutation erwartet wird, durch zwei flankierende spezifische Oligonucleotide zu amplifizieren, und diese Amplifikate anschließend z. B. durch eine Temperaturgradientengelelektrophorese aufzutrennen und hinsichtlich Mutationen zu analysieren (Peters et al. 1999). Dieses Verfahren wird u. a. bei der Auffindung von Punktmutationen in den HLA-Loci eingesetzt (Meyer et al. 1991). Eine andere Möglichkeit zum Nachweis von Punktmutationen kann durch genau definierte Oligonucleotide erreicht werden, die als letztes 3'-Nucleotid entweder die Sequenz des Wildtyps oder des mutierten Genotyps aufweisen (Bray et al. 2001). Häufigen Einsatz findet diese Applikation im Auffinden von „Single Nucleotide Polymorphisms" (SNP) (Li et al. 1999). Voraussetzung hierfür ist aber, dass die Wildtyp DNA-Sequenz (◘ Abb. 16.1a) und auch die Art der mutierten Form sehr genau bekannt ist (◘ Abb. 16.1b). Bei Verwendung eines Wildtyp-Oligonucleotids (◘ Abb. 16.1c) und eines die Mutation charakterisierenden Oligonucleotids (◘ Abb. 16.1d), erhält man nach Durchführung einer PCR unter Einsatz einer nichtmutierten Matrize ein Amplifikationsprodukt oder keines (◘ Abb. 16.1e, f). Dieses gilt selbstverständlich auch umgekehrt (◘ Abb. 16.1 g, h).

- **Materialien**
- 0,5 ml sterile Reaktionsgefäße
- 10x Reaktionspuffer-Komplett
- H$_2$O bidest.
- genomische Wildtyp-DNA (10 ng/µl)
- genomische mutierte-DNA (10 ng/µl)
- Wildtyp 5'-Oligonucleotid (50 pmol/µl)

- SNP 5'-Oligonucleotid (50 pmol/µl)
- Wildtyp 3'-Oligonucleotid (50 pmol/µl)
- dNTP-Mix (40 mM)
- thermostabile DNA-Polymerase (5 u/µl)

- **Durchführung**
- - **Pipettierschema für 50 µl Endvolumen**
- 5,0 µl: 10x Reaktionspuffer-Komplett
- xx µl: H$_2$O bidest.
- 1,0 µl: Wildtyp 5'-Oligonucleotid oder SNP 5'-Oligonucleotid
- 1,0 µl: 3'-Oligonucleotid
- xx µl: genomische Wildtyp- oder mutierte DNA (10–50 ng)
- 2,0 µl: dNTP-Mix (Endkonzentration 400 µM pro dNTP)
- 1,0 µl: thermostabile DNA-Polymerase

- - **PCR Programm**
- 1. Schritt: 5 min/95 °C
- 2. Schritt: 30 sek/95 °C
- 3. Schritt: 30 sek/50–60 °C[1]
- 4. Schritt: 1 min/65–75 °C
- 25 Zyklen: Schritte 2–4
- 5. Schritt: 10 min/65–75 °C
- 6. Schritt: 4 °C/t = ∞

- **Troubleshooting**
- - **Allgemeines Troubleshooting (▶ Abschn. 2.5)**
Es konnte kein Amplifikat erhalten werden:
- Neben den unter ▶ Abschn. 2.5 beschriebenen Gründen kann es auch sein, dass die eingesetzten Oligonucleotide nicht 100 % an die genomische DNA binden, da ein homozygotes Genom vorliegt, bei welchen gerade die eingesetzten Oligonucleotide nicht zu verwenden sind.
- Im Falle des Auftretens eines Amplikons sowohl mit „passenden" als auch nicht 100 % bindenden Oligonucleotiden liegt vermutlich ein heterozygotes Genom vor.

---

1   Diese Temperatur ist sehr stark von dem Tm-Wert der eingesetzten Oligonucleotide abhängig! Die einzelnen Tm-Werte der verschiedenen Oligonucleotidpaare sollten bei der gewählten Annealing-Temperatur gleich gut binden.

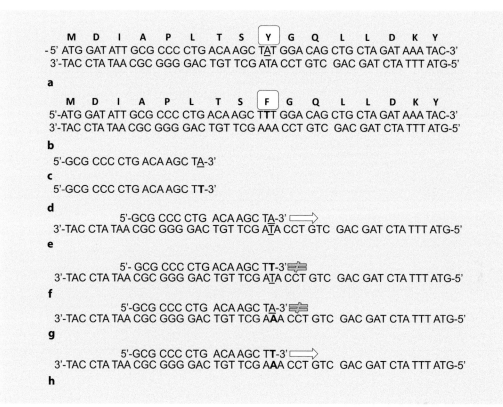

```
              M    D    I    A    P    L    T    S   [ Y ]  G    Q    L    L    D    K    Y
         - 5' ATG GAT ATT GCG CCC CTG ACA AGC TAT GGA CAG CTG CTA GAT AAA TAC-3'
           3'-TAC CTA TAA CGC GGG GAC TGT TCG ATA CCT GTC  GAC GAT CTA TTT ATG-5'

         a

              M    D    I    A    P    L    T    S   [ F ]  G    Q    L    L    D    K    Y
           5'-ATG GAT ATT GCG CCC CTG ACA AGC TTT GGA CAG CTG CTA GAT AAA TAC-3'
           3'-TAC CTA TAA CGC GGG GAC TGT TCG AAA CCT GTC  GAC GAT CTA TTT ATG-5'

         b

           5'-GCG CCC CTG ACA AGC TA-3'

         c

           5'-GCG CCC CTG ACA AGC TT-3'

         d

                     5'-GCG CCC CTG  ACA AGC TA-3' ⎯⎯⊳
           3'-TAC CTA TAA CGC GGG GAC TGT TCG ATA CCT GTC  GAC GAT CTA TTT ATG-5'

         e

                     5'- GCG CCC CTG ACA AGC TT-3' ⫤
           3'-TAC CTA TAA CGC GGG GAC TGT TCG ATA CCT GTC  GAC GAT CTA TTT ATG-5'

         f

                     5'-GCG CCC CTG  ACA AGC TA-3' ⫤
           3'-TAC CTA TAA CGC GGG GAC TGT TCG AAA CCT GTC  GAC GAT CTA TTT ATG-5'

         g

                     5'-GCG CCC CTG  ACA AGC TT-3' ⎯⎯⊳
           3'-TAC CTA TAA CGC GGG GAC TGT TCG AAA CCT GTC  GAC GAT CTA TTT ATG-5'

         h
```

◘ **Abb. 16.1** Nachweis von Punktmutationen durch die PCR. **a** Ausgehend von einer nichtmutierten Wildtyp-DNA soll die mutierte DNA (**b**) nachgewiesen werden, die durch eine Punktmutation (SNP = Single Nucleotide Polymorphism) (*unterstrichen*) charakterisiert ist. Bei dieser SNP-Mutante wird das natürlich vorkommende Tyrosin gegen ein Phenylalanin ausgetauscht. **c** Es werden Oligonucleotide eingesetzt, die sowohl 100 % an die Wildtyp-DNA als auch an die SNP-Mutante (**d**) binden. **e** Das den Wildtyp entsprechende Oligonucleotid bindet 100 % an die Wildtyp-Matrize und kann durch die DNA-Polymerase elongiert werden (*Pfeil*). **f** Das SNP-charakterisierende Oligonucleotid kann aufgrund des nichtkompatiblen 3'-Nucleotides nicht verlängert werden (*Blitz*). **g** Im Gegensatz dazu wird das Wildtyp-Oligonucleotid nach Bindung an die mutierte DNA nicht elongiert (*Blitz*) wohingegen sich das SNP-Oligo wiederum 100 % anlagert (**h**) und das Amplikon erhalten werden kann (*Pfeil*)

Literatur

Bottema CD & Sommer SS (1993) Mutat Res 288:93
Bray MS et al (2001) Hum Mutat 17:296
Komiyama A et al (1997) J Neurol Sci 149:103
Li J et al (1999) Electrophoresis 20:1258
Meyer CG et al (1991) J Immunol Methods 142:251
Peters H et al (1999) Hum Mutat 13:337
Templeton NS (1993) Diagn Mol Pathol 1:58

Nested PCR

Hans-Joachim Müller, Daniel Ruben Prange

H.-J. Müller, D. R. Prange, *PCR – Polymerase-Kettenreaktion*,
DOI 10.1007/978-3-662-48236-0_17, © Springer-Verlag Berlin Heidelberg 2016

Zur Steigerung der Produktspezifität werden in der „Nested" PCR zwei aufeinanderfolgende Amplifikationen durchgeführt (Olatunbosun et al. 2001). In der ersten Vervielfältigung werden Oligonucleotide eingesetzt, die außerhalb des gewünschten PCR-Fragmentes liegen, sodass ein größeres Amplicon erhalten wird (◘ Abb. 17.1a). Anschließend wird das erste PCR-Produkt für eine weitere Amplifikation als Matrize eingesetzt, wobei ein internes Oligonucleotidpaar zur Anwendung kommt. Auf diese Weise wird das Auftreten von unspezifischen Nebenprodukten minimiert.

Der Vorteil der Nested PCR liegt darin, dass lineare und proteinfreie DNA-Fragmente für die Amplifkation eingesetzt werden, da „supercoiled" Matrizen sich teilweise nicht 100 % denaturieren lassen oder genomische DNA selbst bei sehr effektiver Reinigung immer noch mit Histonen assoziiert sind.

In einer gerade (Stand Juli 2015) eingereichten Publikation wurde eine Kombination aus Nested- und RT-PCR eingesetzt, bei welcher ein sensitives und effektives „1-Tube RT-Nested-PCR" Verfahren etabliert werden konnte (Yamaguchi et al. 2015).

- **Materialien**
  - 0,5 ml sterile Reaktionsgefäße
  - 10x Reaktionspuffer-Komplett
  - H_2O bidest.
  - Matrize (10–100 ng/µl)
  - Externes 5'-Oligonucleotid (50 pmol/µl)
  - Externes 3'-Oligonucleotid (50 pmol/µl)
  - Internes 5'-Oligonucleotid (50 pmol/µl)
  - Internes 3'-Oligonucleotid (50 pmol/µl)
  - dNTP-Mix (40 mM)
  - thermostabile DNA-Polymerase (5 u/µl)

- **Durchführung**
- - **Pipettierschema für 50 µl Endvolumen**
  - 5,0 µl: 10x Reaktionspuffer-Komplett
  - xx µl: H_2O bidest.
  - 1,0 µl: 5'-Oligonucleotid
  - 1,0 µl: 3'-Oligonucleotid
  - xx µl: Matrize (Quantität abhängig von der Art der Matrize; siehe ◘ Tab. 3.1)
  - 2,0 µl: dNTP-Mix (Endkonzentration 400 µM pro dNTP)
  - 1,0 µl: thermostabile DNA-Polymerase

- - **PCR Programm**
  - 1. Schritt: 5 min/95 °C
  - 2. Schritt: 30 sek/95 °C
  - 3. Schritt: 30 sek/50–60 °C[1]
  - 4. Schritt: 1 min/65–75 °C
  - 25 Zyklen: Schritte 2–4
  - 5. Schritt: 10 min/65–75 °C
  - 6. Schritt: 4 °C/t = ∞

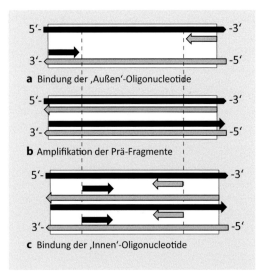

a Bindung der ‚Außen'-Oligonucleotide

b Amplifikation der Prä-Fragmente

c Bindung der ‚Innen'-Oligonucleotide

◘ **Abb. 17.1** Schematische Darstellung der Nested-PCR. **a** Es soll ein spezifisches Amplifikat (*gepunktete Linie*) amplifiziert werden. Für die Nested-PCR werden zwei Oligonucleotide in der ersten PCR eingesetzt, die außerhalb dieses zu amplifizierenden DNA-Fragmentes liegen. **b** Nach den ersten Vervielfältigungszyklen entstehen PCR-Fragmente, die den gewünschten Bereich umfassen. **c** Die spezifischen internen Oligonucleotide werden für die zweite PCR herangezogen, sodass das gewünschte Amplifikat während der nächsten Zyklen synthetisiert wird

- **Troubleshooting**
- - **Allgemeines *Troubleshooting*** (▶ Abschn. 2.5)

---

1 Diese Temperatur ist sehr stark von dem Tm-Wert der eingesetzten Oligonucleotide abhängig! Die einzelnen Tm-Werte der verschiedenen Oligonucleotidpaare sollten bei der gewählten Annealing-Temperatur gleich gut binden.

Literatur

Olatunbosun O et al (2001) Human papillomavirus DNA detection in sperm using polymerase chain reaction. Obstet Gynecol 97(3):357

Yamaguchi A et al (2015) Clin Chim Acta 448:150 (z. Zt. im Druck)

DOP-PCR

Hans-Joachim Müller, Daniel Ruben Prange

Literatur – 92

H.-J. Müller, D. R. Prange, *PCR – Polymerase-Kettenreaktion*,
DOI 10.1007/978-3-662-48236-0_18, © Springer-Verlag Berlin Heidelberg 2016

Viele Experimente und Untersuchungen gestalten sich schwierig, da nicht genügend DNA des zu untersuchenden Organismus zur Verfügung steht. In den letzten Jahren wurden diverse Methoden entwickelt, die sogar aus Einzelzellen eine effiziente Amplifikation des gesamten Genoms (Whole Genome Amplification – WGA) versprechen. Ein sehr interessantes Review mit Vorstellung der verschiedenen Techniken wurde von Coskun und Alsmadi publiziert (Coskun und Alsmadi 2007).

Eine besondere WGA-Methode ist die Degenerate-Oligonucleotid-Primer (DOP) –PCR. Sie bietet eine exzellente Möglichkeit zur vollständigen Amplifikation der gesamten DNA (Telenius et al. 1992). Das Prinzip der DOP-PCR beruht auf der Verwendung eines spezifischen Oligonucleotides, welches eine Länge von ca. 15–20 Basen aufweist und an dessen 3′-Ende durch eine Abfolge von sechs undefinierten Nucleotiden (Random Hexamer) charakterisiert ist (◘ Abb. 18.1a). Zunächst werden mit der zu amplifizierenden DNA fünf PCR-Zyklen mit niedriger Stringenz durchgeführt, sodass die Oligonucleotide statistisch verteilt an jede Position der Matrize binden. (◘ Abb. 18.1b). Dadurch werden unterschiedlich lange Fragmente amplifiziert, die teilweise überlappende Sequenzen aufweisen (◘ Abb. 18.1c). In den ersten PCR-Zyklen binden die Oligonucleotide wiederum an die vorher synthetisierten Stränge. Auf diese Weise entstehen Amplifikate, die sowohl an ihren 5′- als auch 3′-Enden die definierten Nucleotidabfolgen der DOP-Oligonucleotide besitzen. Anschließend wird durch eine langsame Erhöhung der Annealing-Temperatur die spezifische Bindung der Oligonucleotide an die vorher vervielfältigten DNA-Fragmente forciert und somit die exponentielle Amplifikation identischer Amplifikate bewirkt (◘ Abb. 18.1d). Auf diese Weise kann die umfassende Amplifikation eines gesamten Genoms erreicht werden, wobei die Größe der Amplifikate zwischen ca. 300 bp und 8 kb liegt.

Die DOP-PCR-Methode wird auch erfolgreich eingesetzt, um spezifische Fluoreszenz-markierte Chromosom-Proben herzustellen, die wiederum in der „Fluorescence In Situ Hybridisation" (FISH)-Technologie verwendet werden (Deng et al. 2014).

- **Materialien**
  - 0,5 ml sterile Reaktionsgefäße
  - 10x Reaktionspuffer-Inkomplett für die Amplifikation bis 20 kb (500 mM Tris-HCl (pH 9,1), 150 mM $(NH_4)_2SO_4$)
  - 15 mM $MgCl_2$
  - H_2O bidest.
  - Genomische DNA (25 ng/µl)
  - DOP-Oligonucleotid (50 pmol/µl)
  - dNTP-Mix (40 mM)
  - *Taq/Pwo*-DNA-Polymerase-Mix (2,5 u/µl)

- **Durchführung**
- **Pipettierschema für 100 µl Endvolumen**
  - 10,0 µl: 10x Reaktionspuffer-Inkomplett
  - xx µl: H_2O bidest.
  - 8,0 µl: $MgCl_2$ (Endkonzentration 2 mM)
  - 4,0 µl: DOP-Oligonucleotid
  - 2–4 µl: genomische DNA
  - 4,0 µl: dNTP-Mix (Endkonzentration 800 µM pro dNTP)
  - 1,0 µl: *Taq/Pwo*-DNA-Polymerase-Mix

- **PCR Programm:**
  - 1. Schritt: 5 min/95 °C
  - 2. Schritt: 30 sek/95 °C
  - 3. Schritt: 90 sek/30 °C
  - 4. Schritt: 3 min/68 °C[1]
  - 5 Zyklen: Schritte 2–4
  - 6. Schritt: 30 sek/95 °C
  - 7. Schritt: 30 sek/> 60 °C
  - 8. Schritt: 3 min/68 °C[2]
  - 25 Zyklen: Schritte 6–8
  - 9. Schritt: 10 min/68 °C
  - 10. Schritt: 4 °C/t = ∞

- **Troubleshooting**
- **Allgemeines Troubleshooting (► Abschn. 2.5)**
Kein Amplifikat erhalten:

---

1 Der Temperaturgradient von 30 °C auf 68 °C sollte innerhalb von zwei bis drei Minuten erreicht werden. Viele Thermocycler erlauben eine zeitdefinierte „Ramping"-Programmierung.

2 Hierbei für jeden weiteren PCR-Zyklus eine zusätzliche Elongationszeit von 5 sek pro Zyklus hinzurechnen.

□ Abb. 18.1 Schematische Darstellung der DOP-PCR. **a** Es werden Oligonucleotide eingesetzt, die an deren 5′-Ende eine selbstdefinierte Sequenz (*weiß*) aufweisen. Hierbei kann es hilfreich sein, wenn Schnittstellen für Restriktionsenzyme (z. B. *BAM HI* (*unterstrichen*)) für weitere Klonierungen eingefügt werden. Am 3′-Ende wird ein Hexamer (NNNNNN) mit zufallsbedingten Nucleotiden inseriert. **b** Diese Oligonucleotide binden bei geringen Annealing-Temperaturen an beliebige Stellen der Matrize. **c** Durch die Elongation entstehen verschieden lange DNA-Fragmente, wobei statistisch verteilt die gesamte Matrize repräsentiert wird. **d** Ab dem zweiten PCR-Zyklus werden auch die vorher synthetisierten Fragmente als Matrize erkannt, und nach Erhöhung der Annealing-Temperatur werden nur noch die in den ersten fünf Zyklen synthetisierten Fragmente amplifiziert (**e**)

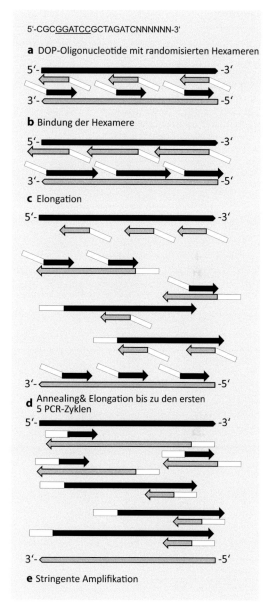

5′-CGC<u>GGATCC</u>GCTAGATCNNNNNN-3′

a DOP-Oligonucleotide mit randomisierten Hexameren

b Bindung der Hexamere

c Elongation

d Annealing& Elongation bis zu den ersten 5 PCR-Zyklen

e Stringente Amplifikation

1. Bei DOP-Primern ist es essentiell, dass der Polymerase-Mix erst kurz vor dem PCR-Start hinzupipettiert wird, da die Oligonucleotide anderenfalls degradiert werden.
2. Vermeiden, dass der PCR-Ansatz für längere Zeit (> 15 min) z. B. nach den PCR-Zyklen bei RT oder 4 °C gelagert wird.
3. Ist die DNA-Matrize degradiert? Per Agarose-gelelektrophorese überprüfen, ob die hochmolekulare DNA intakt ist.
4. Vermeiden, dass hohe Scherkräfte beim Pipettieren oder durch mehrmaliges Einfrieren/Auftauen auftreten.

Literatur

Coskun S, Alsmadi O (2007) Whole genome amplification from a single cell: a new era for preimplantation genetic diagnosis. Prenat Diagn 27(4):297

Deng C et al (2014) DOP-PCR based painting of rye chromosomes in a wheat background. Genome 57(9):473–479

Telenius H et al (1992) Degenerate oligonucleotide-primed PCR: general amplification of target DNA by a single degenerate primer. Genomics 13(3):718–725

Alu- (IRS) PCR

Hans-Joachim Müller, Daniel Ruben Prange

Literatur – 95

H.-J. Müller, D. R. Prange, *PCR – Polymerase-Kettenreaktion*,
DOI 10.1007/978-3-662-48236-0_19, © Springer-Verlag Berlin Heidelberg 2016

Zur Untersuchung des menschlichen Genoms werden häufig „Yeast-Artificial-Chromosomes" (YACs) oder somatische Mensch/Nager Zellhybride eingesetzt (Burke et al. 1987; Dubois et al. 1993). Diese- Systeme ermöglichen die Untersuchung definierter Genombereiche. Vielfach muss die menschliche DNA der YACs bzw. die Zellhybride zur genauen Untersuchung von der DNA des Wirtsorganismus abgetrennt werden, wozu aufwendige Methoden wie z. B. die Pulsfeld-Gelelektrophorese notwendig sind. Die hier verwendete Methode nutzt die primatenspezifischen Genomstrukturen zur Anreicherung menschlicher DNA mittels „Interspersed-Repetitive-Sequence" (IRS)-PCR. Die DNA anderer Organismen wird hierbei im Gegensatz zur DOP-PCR nicht amplifiziert.

Im Genom des Menschen sind eine Vielzahl artspezifischer repetitiver DNA-Strukturen enthalten und statistisch über das gesamte Genom verteilt (Korenberg et al. 1988). Am häufigsten vertreten sind Sequenzen der Alu- und der L1-Familie (Rinehart 1981; Grimaldi et al. 1984). Pro Genom sind bis zu 900.000 Alu- sowie bis zu 100.000 L1-Elemente vorhanden. Zwischen diesen repetitiven Sequenzen (ca. 300 bp bei den Alu-Sequenzen) befinden sich die Gensequenzen. Mit Hilfe von Alu-bzw. L1-spezifischen Oligonucleotiden lässt sich die gesamte humane DNA spezifisch amplifizieren. Die Alu-PCR wird in getrennten Reaktionen unter Verwendung verschiedener Oligonucleotide (nur Alu-bzw. nur L1-Oligonucleotide) (◘ Abb. 19.1) durchgeführt und gewährleistet Fragmentgrößen bis zu 6000 Basenpaaren. So kann man ein fast lückenloses Amplifikat der gesamten humanen DNA erhalten.

- **Materialien**
- 0,5 ml sterile Reaktionsgefäße
- 10x Reaktionspuffer-Inkomplett für die Amplifikation bis 20 kb (500 mM Tris-HCl (pH 9,1), 150 mM $(NH_4)_2SO_4$)
- 15 mM $MgCl_2$
- H_2O bidest.
- Genomische DNA (25 ng/µl)
- 5'-Alu 450er -Oligonucleotid (50 pmol/µl)
- 3'-Alu 451er -Oligonucleotid (50 pmol/µl)
- 5'-Alu 153er -Oligonucleotid (50 pmol/µl)
- 3'-Alu 154er -Oligonucleotid (50 pmol/µl)

- 5'-L1 – B390er Oligonucleotid (50 pmol/µl)
- 3'-L1 – B392er Oligonucleotid (50 pmol/µl)
- dNTP-Mix (40 mM)
- *Taq/Pwo*-DNA-Polymerase-Mix (2,5 u/µl)

- **Durchführung**
Ansatz 1: Alu 450 Amplifikat
Ansatz 2: Alu 451 Amplifikat
Ansatz 3: L1 Amplifikat

- - **Pipettierschema für 100 µl Endvolumen**
- 10,0 µl: 10x Reaktionspuffer-Inkomplett
- xx µl: H_2O bidest.
- 8,0 µl: $MgCl_2$ (Endkonzentration 2 mM)
- 2,0 µl: pro PCR-Ansatz jeweils eines der spezifischen 5'-Oligonucleotide
- 2,0 µl: pro PCR-Ansatz jeweils eines der spezifischen 3'-Oligonucleotide
- 2–4 µl: genomische DNA
- 4,0 µl: dNTP-Mix (Endkonzentration 800 µM pro dNTP)
- 1,0 µl: *Taq/Pwo*-DNA-Polymerase-Mix

- - **PCR Programm**
- 1. Schritt: 5 min/95 °C
- 2. Schritt: 30 sek/95 °C
- 3. Schritt: 30 sek/60 °C
- 4. Schritt: 6 min/68 °C
- 30 Zyklen: Schritte 2–4
- 5. Schritt: 10 min/68 °C
- 6. Schritt: 4 °C/t = ∞

Nach Beendigung der PCR werden jeweils 5–10 µl der einzelnen Reaktionen gelelektrophoretisch analysiert. Es sollten in jedem Ansatz DNA-Fragmente zwischen 100–6000 bp zu erkennen sein. Anschließend werden die drei PCR-Proben miteinander vermengt und für die weiteren Analysen verwendet.

- **Troubleshooting**
- - **Allgemeines Troubleshooting**
  (▶ Abschn. 2.5)
Kein Amplifikat erhalten:
1. Den Polymerase-Mix erst kurz vor dem PCR-Start hinzupipettieren, da die Oligonucleotide anderenfalls degradiert werden.

☐ Abb. 19.1 Schematische Darstellung der Alu-PCR. **a** Die Alu-Sequenzen der Primaten sind bekannt und es lassen sich z. B. für humane Alu-Fragmente verschiedene Oligonucleotide einsetzen. **b** Das Genom von Primaten weist repetitive Alu-Sequenzen (RS) auf, welche Fragmentlängen von ca. 300 bp definierter Sequenz repräsentieren. **c** Alu-spezifische Oligonucleotide binden ebenfalls an die humanen repetitiven Alu-Sequenzen. **d** Durch die Elongation entstehen verschieden lange DNA-Fragmente, wobei statistisch verteilt die gesamte Matrize repräsentiert wird. **e** Ab dem zweiten PCR-Zyklus werden auch die vorher synthetisierten Fragmente als Matrize erkannt und in den folgenden Zyklen amplifiziert

a Alu-Sequenzen

```
Humane 5'-Alu 450er-Sequenz: 5'-AAAGTGCTGGGATTACAGG-3'
Humane 3'-Alu 451er-Sequenz: 5'-GTGCTCACGCCTGTAATCCC-3'
Humane 5'-Alu 153er-Sequenz: 5'-GTGAGCCGAGATCGCGCCACTGCACT-3'
Humane 3'-Alu 154er-Sequenz: 5'-TGCACTCCAGCCTGGGCAACA -3'
Humane 5'-L1 B390er Sequenz: 5'-CACAGGAAGGGGAACATCACA-3'
Humane 3'-L1 B392er Sequenz: 5'-GGGGAGGGATAGCATTAGGAG-3'
```

b Darstellung der repetitiven Sequenzen

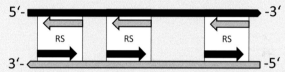

c Bindung der Alu-spezifischen Oligonucleotide

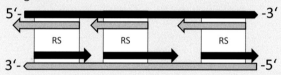

d Elongation

e Ab dem 2. PCR-Zyklus

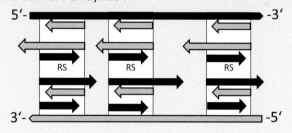

2. Vermeiden, dass der PCR-Ansatz für längere Zeit (> 15 min) z. B. nach den PCR-Zyklen bei RT oder 4 °C gelagert wird.
3. Ist die DNA-Matrize degradiert? Per Agarosegelelektrophorese überprüfen, ob die hochmolekulare DNA intakt ist.
4. Vermeiden, dass hohe Scherkräfte beim Pipettieren oder durch mehrmaliges Einfrieren/Auftauen auftreten.

Literatur

Burke DT et al (1987) Cloning of large segments of exogenous DNA into yeast by means of artificial chromosome vectors. Science 236(4803):806–812

Dubois BL, Naylor SL (1993) Characterization of NIGMS human/rodent somatic cell hybrid mapping panel 2 by PCR. Genomics 16(2):315–319

Grimaldi G et al (1984) Defining the beginning and end of KpnI family segments. EMBO J 3(8):1753–1759

Korenberg JR, Rykowsky MC (1988) Human genome organiza-
    tion: Alu, lines, and the molecular structure of metaphase
    chromosome bands. Cell 53(3):391–400
Rinehart FP (1981) Renaturation rate studies of a single family
    of interspersed repeated sequences in human deoxyribo-
    nucleic acid. Biochemistry 20(11):3003–3010

PCR-Optimierung

Hans-Joachim Müller, Daniel Ruben Prange

H.-J. Müller, D. R. Prange, *PCR – Polymerase-Kettenreaktion,*
DOI 10.1007/978-3-662-48236-0_20, © Springer-Verlag Berlin Heidelberg 2016

So einfach die Durchführung einer PCR erscheint, so kompliziert kann die Fehlersuche sein, wenn das gewünschte Amplifikat nicht erhalten wird oder unspezifische Fragmente auftreten. Häufig auftretende „Fehler" sind durch eine Fehlpaarung der Oligonucleotide charakterisiert. Diese Moleküle binden entweder an unspezifischen Stellen oder können auch als sogenannte Primer-Dimere miteinander interagieren. Generell sollten die Oligonucleotide mithilfe eines geeigneten Computer-Programms konstruiert werden, um eine optimale Bindung an die DNA-Matrize zu erreichen. Sofern die optimalen Oligonucleotide sowie PCR-Parameter für die Amplifikation eingesetzt werden, wird es zu keinem Auftreten unspezifischer Amplifikate kommen. Allerdings ist nicht immer vorhersehbar, welche ähnlichen Bindungssequenzen in der gesamten DNA-Matrize (z. B. genomische DNA) vorkommen. Im Falle der Primer-Dimere kann durch Einsatz der entsprechenden Software diese Bindung komplementärer Basen vorhergesehen und eliminiert werden.

Die PCR lässt sich auf vielen verschiedenen Wegen optimieren, wobei es keine allgemeingültigen Richtlinien für die Optimierung einer PCR gibt. Leider müssen für jedes nichtoptimale PCR-System die geeigneten Parameter gefunden werden, aber in den nachfolgenden Unterkapiteln sind etablierte Verfahren zum Gelingen einer effektiven PCR dargestellt.

20.1 Hotstart-PCR

Die thermostabilen DNA-Polymerasen binden sofort nach dem Annealing der Oligonucleotide an dessen 3′-Ende und beginnen mit der Elongation auch bei nichtoptimalen (< 70 °C) Temperaturen. Falls die Oligonucleotide nicht nur an den vorhergesehenen Sequenzen binden, werden auch unspezifische DNA-Fragmente amplifiziert. Selbst bei Raumtemperatur denaturiert doppelsträngige DNA, weshalb ein Zusammenführen der einzelnen PCR-Komponenten auf Eis oder bei Raumtemperatur ebenfalls ein Annealing der Oligonucleotide bei diesen niedrigen Temperaturen erwirkt. Um eine unspezifische Bindung zu verhindern,

ist es erforderlich, dass nicht alle Komponenten dem PCR-Ansatz auf einmal hinzugegeben werden. Es hat sich als vorteilhaft erwiesen, wenn die DNA-Polymerase und ggf. die DNA-Matrize erst nach dem ersten Denaturierungsschritt dem PCR-Ansatz hinzugefügt wird. Dies lässt sich durch verschiedene Verfahren ermöglichen. Eine kostengünstige Version ist es, nach dem ersten Denaturierungsschritt den PCR-Lauf zu unterbrechen und die thermostabile DNA-Polymerase dem erhitzten PCR-Ansatz unmittelbar beizumengen. Dieses Prozedere ist für wenige PCR-Ansätze möglich, aber im Falle einer hohen Anzahl verschiedener Reaktionsgefäße nicht mehr praktikabel. Komfortablere Methoden beruhen auf dem Einsatz von Wachskügelchen oder anderen bei Raumtemperatur „festen" Materialien (z. B. Paraffin, Petroleumharz etc.), die als erwärmte und somit flüssige Matrix über den inkompletten PCR-Ansatz geschichtet werden (Chou et al. 1992; Horton et al. 1994). Nach dem Aushärten wird die fehlende PCR-Komponente (z. B. die DNA-Polymerase) auf diese Schicht pipettiert, sodass während des ersten Denaturierungsschrittes bei > 90 °C eine Vermengung der DNA-Polymerase mit dem PCR-Ansatz aufgrund des Schmelzens der Matrix stattfindet. Vorteil dieser Methode ist, dass eine große Anzahl verschiedener PCR-Ansätze durchgeführt werden kann. Der Nachteil besteht aber darin, dass ein eventueller Reinigungsschritt zur vollständigen Entfernung der gelartigen Matrix erforderlich sein kann. Im nachfolgenden ist eine PCR mit einer Kombination aus Wachskügelchen und *Taq*-DNA-Polymerase dargestellt (Promega 2007).

- **Materialien**
- 0,5 ml sterile Reaktionsgefäße
- 10x Reaktionspuffer-Komplett (z. B. 200 mM Tris-HCl (pH 8,55), 160 mM $(NH_4)_2SO_4$, 15 mM $MgCl_2$)
- H_2O bidest.
- Matrize (100 ng/µl)
- 5′-Oligonucleotid (50 pmol/µl)
- 3′-Oligonucleotid (50 pmol/µl)
- dNTP-Mix (40 mM)
- *Taq*Bead Hot Start Polymerase (1,25 u/*Taq*-Bead) (Promega)

- Durchführung: Wachskügelchen
- ■ Pipettierschema für 50 µl Endvolumen
- 5,0 µl: 10x Reaktionspuffer-Komplett
- xx µl: H₂O bidest.
- 1,0 µl: 5′-Oligonucleotid
- 1,0 µl: 3′-Oligonucleotid
- 2,0 µl: dNTP-Mix (Endkonzentration 400 µM pro dNTP)
- 1x: *Taq*Bead Hot Start Polymerase (1,25 u)

*ggf. Mit Mineralöl überschichten, falls der PCR-Cycler ohne heizbaren Deckel ist.

- ■ PCR Programm
- 1. Schritt: 5 min/95 °C
- 2. Schritt: 30 sek/95 °C
- 3. Schritt: 30 sek/50–60 °C[1]
- 4. Schritt: 1 min/65–75 °C
- 25 Zyklen: Schritte 2–4
- 5. Schritt: 10 min/65–75 °C
- 6. Schritt: 4 °C/t = ∞

- **Durchführung: Reinigung der Amplifikate**
Gegebenenfalls muss die amplifizierte DNA mit den herkömmlichen Reinigungsverfahren vom Wachs befreit werden.

Elegantere aber auch kostenintensivere Hotstart-Verfahren basieren auf dem Einsatz modifizierter thermostabiler DNA-Polymerasen, die ihre Elongationsaktivität erst nach Erhitzen auf 95 °C für 5–10 min erlangen. Die Enzyme lassen sich direkt in dem PCR-Ansatz bei Raumtemperatur oder auf Eis mit allen übrigen Komponenten vermengen, wobei keine unspezifische Elongation vor dem ersten Denaturierungsschritt möglich ist. Die DNA-Polymerasen wurden durch unterschiedliche Modifikationen soweit verändert, dass eine Bindung an das freie 3′-Ende eines hybridisierten Oligonucleotids nicht stattfinden kann. Eine Möglichkeit, dies zu erreichen, ist durch monoklonale Antikörper gegeben, welche an die DNA-erkennende Domäne der Polymerase binden, und somit eine Anlagerung an die

---
1 Diese Temperatur ist sehr stark von dem Tm-Wert der eingesetzten Oligonucleotide abhängig! Die einzelnen Tm-Werte der verschiedenen Oligonucleotidpaare sollten bei der gewählten Annealing-Temperatur gleich gut binden.

□ Tab. 20.1 Auswahl verschiedener thermostabiler DNA-Polymerasen (Hotstart-Enzyme), die ihre Elongationsaktivität erst nach einem initialen Erhitzen bei 95 °C erhalten

DNA-Polymerase	Anbieter
Invitrogen Platinum Taq	Life Technologies
HotStart Taq DNA Polymerase	NEB
*Taq*Bead Hot Start Polymerase	Promega
FastStart Taq-DNA-Pol	Roche Diagnostics
HotStart Taq Plus DNA Polymerase	Qiagen

Oligonucleotide verhindert wird (Kellog et al. 1994; Findley et al. 1993). Andererseits kann die DNA-Polymerase auf chemischem Wege in ihrer Aktivität blockiert werden, sodass diese erst nach Erhitzen auf 95 °C wieder re-aktiviert wird (Birch et al. 1996). Eine weitere Modifikation der DNA-Polymerase besteht darin, dass diese bestimmte Nucleinsäurefragmente vorab gebunden haben und erst nach dem Erhitzen die eigentlichen Matrizen-spezifischen Oligonucleotide binden (Dang und Jayasena 1996). Eine Auswahl verschiedener Hotstart-DNA-Polymerasen ist in □ Tab. 20.1 aufgeführt und darauffolgend ist ein typisches Protokoll unter Verwendung einer Hotstart-DNA-Polymerase angefügt.

- **Materialien**
- 0,5 ml sterile Reaktionsgefäße
- 10x Reaktionspuffer-Komplett (z. B. 200 mM Tris-HCl (pH 8,55), 160 mM (NH₄)₂SO₄, 15 mM MgCl₂)
- H₂O bidest.
- Matrize (100 ng/µl)
- 5′-Oligonucleotid (50 pmol/µl)
- 3′-Oligonucleotid (50 pmol/µl)
- dNTP-Mix (40 mM)
- Hotstart-DNA-Polymerase (5 u/µl)

- **Durchführung: Hotstart-DNA-Polymerase**
- ■ Pipettierschema für 50 µl Endvolumen
- 5,0 µl: 10x Reaktionspuffer-Komplett
- xx µl: H₂O bidest.

- 1,0 µl: 5′-Oligonucleotid
- 1,0 µl: 3′-Oligonucleotid
- xx µl: Matrize (10–100 ng)
- 2,0 µl: dNTP-Mix (Endkonzentration 400 µM pro dNTP)
- 0,5 µl: Hotstart-DNA-Polymerase

■■   **PCR Programm**
- 1. Schritt: 2–20 min/95 °C (siehe Herstellerangaben)
- 2. Schritt: 30 sek/95 °C
- 3. Schritt: 30 sek/50–60 °C
- 4. Schritt: 1 min/65–75 °C
- 25 Zyklen: Schritte 2–4
- 5. Schritt: 10 min/65–75 °C
- 6. Schritt: 4 °C/t = ∞

20.2   Gradienten-PCR

Wie bereits erwähnt, liegt der hauptsächliche Grund für das Auftreten unspezifischer Amplifikate in der nichtoptimalen Bindung der eingesetzten Oligonucleotide. Sofern diese Moleküle komplementäre Sequenzen zu anderen DNA-Regionen aufweisen, kann eine Hybridisierung mit wenigen Basen (ca. 4–8) ausreichen, damit diese Oligonucleotide bei zu niedrigen Annealing-Temperaturen an einen anderen Einzelstrangbereich binden. Falls auch das endständige 3′-Nucleotid eine Basenpaarung eingehen kann, besteht die große Wahrscheinlichkeit, dass die DNA-Polymerase dieses Oligonucleotids elongiert und somit unspezifische Amplifikate gerade in den ersten PCR-Zyklen synthetisiert werden.

Ist die Annealing-Temperatur aber zu hoch, dann wird die Amplifikationsrate zu gering sein oder es wird kein PCR-Produkt amplifiziert.

Beide oben genannte Gründe einer ineffizienten PCR basieren auf einer nichtoptimalen Annealing-Temperatur. Trotz des vorab kalkulierten Tm-Wertes kann es vorkommen, dass eine Optimierung hinsichtlich der besten Annealing-Temperatur durchgeführt werden muss. Gerade bei einer hohen Anzahl diverser PCR-Ansätze ist die Annealing-Optimierung ein zeitaufwendiges Prozedere. Um dies zu erleichtern wurden PCR-Thermocycler entwickelt, die es erlauben während eines PCR-Laufes verschiedene Annealing-Temperaturen gleichzeitig

einzusetzen. Hierbei lassen sich Temperaturgradienten von z. B. 10–40 °C einstellen. Es werden Gradienten-Thermocycler angeboten, die sowohl 96er als auch 384er Mikrotiterplatten aufnehmen können. Die Temperaturstufen sind von Anbieter zu Anbieter unterschiedlich, sinnvoll ist aber ein zu programmierender Temperaturgradient von mindestens 12 °C. Idealerweise wird der Gradient z. B. bei einer 96er Mikrotiterplatte in den Näpfen 1–12 hergestellt. Auf diese Weise ist es möglich die optimale Annealing-Temperatur für jedes PCR-System zu finden.

20.3   TouchDown-PCR

Die „TouchDown"-PCR wird ebenfalls dafür eingesetzt, dass eine unspezifische Bindung der Oligonucleotide bei niedrigeren Temperaturen gerade während der ersten PCR-Zyklen nicht stattfindet. Das Prinzip beruht auf einer sukzessiven Herabsetzung der Annealing-Temperatur um jeweils 1 °C in den ersten 15 PCR-Zyklen. Die anfängliche Annealing-Temperatur sollte ca. 15 °C über dem berechneten optimalen Tm-Wert liegen. Auf diese Weise hybridisieren nur die optimal bindenden Oligonucleotide an die denaturierte Matrize, sodass die Bildung von unspezifischen Fragmenten minimiert oder gar verhindert wird (Don et al. 1991).

Ein Standard-Programm für die TouchDown-PCR sieht wie folgt aus:

■■   **PCR Programm**
- 1. Schritt: 5 min/94 °C
- 2. Schritt: 30 sek/94 °C
- 3. Schritt: 30 sek/65 °C
- bei jedem weiteren Schritt wird die Annealing-Temperatur um 1 °C reduziert!
- 4. Schritt: 1 min/65–75 °C
- 15 Zyklen: Schritte 2–4
- 5. Schritt: 30 sek/94 °C
- 6. Schritt: 30 sek/50 °C
- 7. Schritt: 1 min/65–75 °C
- 15 Zyklen: Schritte 5–7
- 8. Schritt: 10 min/65–75 °C
- 9. Schritt: 4 °C/t = ∞

20

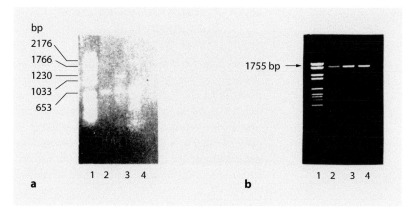

■ **Abb. 20.1** Einsatz von DMSO in der PCR. Ein Fragment (1755 bp) des humanen GC-reichen Zinkfingergens *pAT133* wurde in verschiedene Klonierungsvektoren transferiert und in der PCR in Ab- und Anwesenheit von DMSO eingesetzt (5 min 95 °C → 30 Zyklen: 30 Sek. 95 °C → 30 Sek. 55 °C. → 60 Sek. 72 °C). Nach der PCR wurden jeweils 5 µl des PCR-Ansatzes gelelektrophoretisch aufgetrennt und analysiert. **a** Amplifikation verschiedener *pAT133*-Vektoren ohne DMSO. Dieses Foto wurde zwecks eines Nachweises geringer DNA-Mengen überbelichtet. **b** Amplifikation verschiedener *pAT133*-Vektoren mit jeweils 10 % DMSO. Spur 1: DNA-Marker; Spur 2: *pAT133*-BlueScript; Spur 3: *pAT133*-pAC373; Spur 4: *pAT133*-pGEM

20.4 Einsatz von DMSO und Formamid

Viele nichtoptimale PCR-Ergebnisse lassen sich mit einfachen Mitteln optimieren, ohne dass teure Hotstart-DNA-Polymerasen oder Gradienten-Thermocycler angeschafft werden müssen. In jedem molekularbiologischen Labor sind verschiedene Substanzen zu finden, die in der richtigen Konzentration wahre Wunder bei unspezifischen PCRs vollbringen. Eindrucksvolle Optimierungen können mit Dimethylsulfoxid (DMSO) oder Formamid erreicht werden. In der Publikation von Sakar wurden verschiedene Konzentrationen von DMSO und Formamid in der PCR eingesetzt (Sakar et al. 1992). Dort konnte überzeugend demonstriert werden, dass unspezifische Amplifikationen durch 2–10 % DMSO und 1–5 % Formamid eliminiert werden. In ■ Abb. 20.1 ist die Amplifikation eines GC-reichen PCR-Fragmentes dargestellt (Müller et al. 1991), bei dem in Abwesenheit von DMSO keine spezifischen Amplifikate erhalten werden konnten (■ Abb. 20.1), wohingegen der Einsatz dieser Substanzen ein deutliches Amplifikat der erwarteten Größe erkennen ließ.

■ **Materialien**
- 0,5 ml sterile Reaktionsgefäße
- 10x Reaktionspuffer-Komplett (z. B. 200 mM Tris-HCl (pH 8,55), 160 mM $(NH_4)_2SO_4$, 15 mM $MgCl_2$)
- H_2O bidest.
- Matrize (100 ng/µl)
- 5'-Oligonucleotid (50 pmol/µl)
- 3'-Oligonucleotid (50 pmol/µl)
- dNTP-Mix (40 mM)
- *Taq*-DNA-Polymerase (1–5 u/µl)
- DMSO (Merck)
- Formamid (Merck)

■ **Durchführung**
Ansätze 1–5: 2, 4, 6, 8 und 10 % DMSO
Ansatz 6–10: 1, 2, 3, 4 und 5 % Formamid
Ansatz 11: ohne DMSO und Formamid

■■ **Pipettierschema für 50 µl Endvolumen**
- 5,0 µl: 10x Reaktionspuffer-Komplett
- xx µl: H_2O bidest.
- xx µl: DMSO oder Formamid
- 1,0 µl: 5'-Oligonucleotid
- 1,0 µl: 3'-Oligonucleotid
- xx µl: Matrize (10–100 ng)

- 2,0 µl: dNTP-Mix (Endkonzentration 400 µM pro dNTP)
- 0,5 u: thermostabile DNA-Polymerase[2]

■■ **PCR Programm**
- 1. Schritt: 5 min/94 °C
- 2. Schritt: 30 sek/94 °C
- 3. Schritt: 30 sek/50 °C[3]
- 4. Schritt: 1 min/72 °C
- 30 Zyklen: Schritte 2–4
- 5. Schritt: 10 min/72 °C
- 6. Schritt: 4 °C/t = ∞

20.5 Pufferoptimierungen

Eine weitere kostengünstige sowie effektive Optimierung der PCR ist durch die Variation der verwendeten PCR-Puffer und deren Komponentenkonzentrationen gegeben. Es werden für jede DNA-Polymerase in Abhängigkeit des Anbieters verschiedene „optimierte" 10x Reaktionspuffer mitgeliefert. Häufig kommt es vor, dass in einem Labor diverse differente 10x Reaktionspuffer für verschiedene DNA-Polymerasen (z. B. *Taq*-DNA-Polymerase) ein ungenutztes Dasein fristen. Im Falle einer nichtoptimalen PCR reicht es meist aus, wenn der verwendete Reaktionspuffer gegen einen anderen Reaktionspuffer ausgetauscht wird. Dies ist der einfachste Versuch, eine PCR zu optimieren. Weiterhin kann die PCR durch eine Variation der einzelnen PCR-Komponenten an das entsprechende PCR-System angepasst werden (▶ Abschn. 20.5.1). Zusätzlich lässt sich die Pufferoptimierung auch in einem Gradienten-Thermocycler durchführen, sodass sowohl die optimale Pufferzusammensetzung als auch Annealing-Temperatur erhalten werden kann (▶ Abschn. 20.5.2).

20.5.1 Pufferoptimierung ohne Gradienten-PCR

Hierfür eignet sich das unten aufgeführte Schema bei Verwendung von 48 Näpfen einer 96er Mikrotiterplatte (◘ Tab. 20.2). Die ungenutzten 48 Näpfe ließen sich z. B. mit dem gleichen Pipettierschema, aber einem anderen Reaktionspuffer beladen. Dadurch ist gewährleistet, dass die optimalen Konzentrationen der verschiedenen PCR-Komponenten für ein entsprechendes PCR-System ermittelt werden können.

■ **Durchführung**
■■ **Pipettierschema für 50 µl Endvolumen**
Die oben dargestellte Variation der einzelnen Komponenten kann nach folgendem Schema pipettiert werden (◘ Tab. 20.3).

■ **Materialien**
- 96er Mikrotiterplatte oder 6 × 8 Napf Streifen Strips
- 10x Reaktionspuffer-Inkomplett (z. B. 200 mM Tris-HCl (pH 8,55), 160 mM $(NH_4)_2SO_4$)
- H_2O bidest.
- $MgCl_2$ (25 mM)
- Matrize (1 ng/µl)[*]
- Matrize (10 ng/µl)[**]
- 5′-Oligonucleotid (10 pmol/µl)
- 3′-Oligonucleotid (10 pmol/µl)
- dNTP-Mix (40 mM)
- *Taq*-DNA-Polymerase (0,2 u/µl)[*]
- *Taq*-DNA-Polymerase (1,0 u/µl)[**]

■ **Durchführung**
■■ **Pipettierschema für 50 µl Endvolumen**

■■ **PCR Programm**
- 1. Schritt: 5 min/94 °C
- 2. Schritt: 30 sek/94 °C
- 3. Schritt: 30 sek/50–60 °C[4]
- 4. Schritt: 1 min/65–75 °C
- 25 Zyklen: Schritte 2–4
- 5. Schritt: 10 min/65–75 °C
- 6. Schritt: 4 °C/t = ∞

---

2   Die *Taq*-DNA-Polymerase toleriert Endkonzentrationen bis zu 10 % DMSO und 5 % Formamid im PCR-Ansatz. Im Gegensatz dazu können andere DNA-Polymerasen (z. B. *Tth*-DNA-Polymerase) schon bei geringeren Konzentrationen dieser beiden Substanzen einen erheblichen Aktivitätsverlust erleiden.

3   Die Annealing-Temperatur kann in Anwesenheit von DMSO oder Formamid relativ gering gehalten werden.

4   Diese Temperatur ist sehr stark von dem Tm-Wert der eingesetzten Oligonucleotide abhängig! Die einzelnen Tm-Werte der verschiedenen Oligonucleotidpaare sollten bei der gewählten Annealing-Temperatur gleich gut binden.

□ **Tab. 20.2** Schematische Darstellung der PCR-Komponentenvariation zur PCR-Optimierung. Die angegebenen Konzentrationen und Mengen beziehen sich auf ein Reaktionsvolumen von 50 µl. Die Standard-Konzentrationen und Quantitäten der einzelnen Reaktionsansätze sind in den Näpfen E1–E6 dargestellt. Die Variationen in den einzelnen Näpfen beziehen sich immer nur auf die jeweilige Komponente des angegebenen Napfes, wobei alle anderen Konzentrationen/Mengen entsprechend den Näpfen E1–E6 beibehalten werden. Beispiel A: Im Napf G2 sollen 2,0 mM MgCl$_2$ eingesetzt werden. Die Konzentrationen der anderen Komponenten ist wie folgt: 1,6 mM dNTPs; 10 ng DNA-Matrize; 100 pmol Oligonucleotide (jeweils 50 pmol beider Oligonucleotide); 0,5 u DNA-Polymerase; 1:10 verdünnter 10x Reaktionspuffer-Inkomplett. Beispiel B: Im Napf A1 sollen 20 pmol Oligonucleotide (jeweils 10 pmol beider Oligonucleotide) eingesetzt werden. Die Konzentrationen der anderen Komponenten ist wie folgt: 1,6 mM dNTPs; 10 ng DNA-Matrize; 1,5 mM MgCl$_2$; 0,5 u DNA-Polymerase; 1:10 verdünnter 10x Reaktionspuffer-Inkomplett

Napf	1	2	3	4	5	6
	MgCl2 (mM)	dNTPs (mM)	Matrize (ng)	Oligonucleotide (pmol)	Polymerase (Units)	Puffer (Konz.)
A	0,5	0,2	0,01	20	0,1	1x
B	0,75	0,4	0,1	40	0,2	1x
C	1,0	0,8	1,0	60	0,3	1x
D	1,25	1,2	5,0	80	0,4	1x
E	1,5	1,6	10	100	0,5	1x
F	2,0	1,8	20	120	1,0	1x
G	2,5	2,0	50	150	1,5	1x
H	3,0	2,2	100	200	2,5	1x

□ **Tab. 20.3** Pipettierschema zur Optimierung der PCR-Komponentenkonzentrationen. Die angegebenen Konzentrationen und Mengen beziehen sich auf ein Reaktionsvolumen von 50 µl. Die Standard-Volumina der einzelnen Reaktionsansätze sind in den Näpfen E1–E6 dargestellt. Die DNA-Polymerase sowie alle anderen Komponenten lassen sich mit H$_2$O bidest. (ddH$_2$O) kurzfristig (1–2 h) auf die erforderlichen Konzentrationen/Mengen verdünnen. Zu jedem Ansatz müssen die erforderlichen Volumina des ddH$_2$O vorgelegt werden

Napf	1	2	3	4	5	6
	MgCl2 (µl)	dNTPs (µl)	Matrize (µl)	Oligonucleotide je (µl)	Polymerase (µl)	Puffer (µl)
A	1,0	0,25	0,5[*]	1,0	0,5[*]	5
B	1,5	0,5	5,0[*]	2,0	1,0[*]	5
C	2,0	1,0	10[*]	3,0	1,5[*]	5
D	2,5	1,5	0,5[**]	4,0	2,0[*]	5
E	3,0	2,0	1,0[**]	5,0	2,5[*]	5
F	4,0	2,25	2,0[**]	6,0	1,0[**]	5
G	5,0	2,5	5,0[**]	7,5	1,5[**]	5
H	6,0	2,75	10[**]	10	2,5[**]	5

Es müssen zwei Verdünnungen für die Matrize hergestellt werden. Die mit [*] markierten Volumina werden ausgehend von der höheren und die mit [**] von der niedrigeren Verdünnung eingesetzt

○ **Tab. 20.4** Schematische Darstellung der PCR-Komponentenvariation zur PCR-Optimierung in einem Gradienten-Thermocycler. Die angegebenen Konzentrationen und Mengen beziehen sich auf ein Reaktionsvolumen von 50 µl. Die Variationen in den einzelnen Näpfen beziehen sich immer nur auf die jeweilige Komponente des angegebenen Napfes, wobei alle anderen Konzentrationen/Mengen entsprechend den Standard-Konzentrationen: 1,5 mM $MgCl_2$; 1,6 mM dNTPs; 10 ng DNA-Matrize; 100 pmol Oligonucleotide (jeweils 50 pmol beider Oligonucleotide); 0,5 u thermostabile DNA-Polymerase; 1:10 verdünnter 10x Reaktionspuffer-Inkomplett eingesetzt werden. Beispiel: Im Napf E7 sollen 50 pmol Oligonucleotide (jeweils 25 pmol beider Oligonucleotide) eingesetzt werden. Die Konzentrationen der anderen Komponenten ist wie folgt: 1,6 mM dNTPs; 10 ng DNA-Matrize; 1,5 mM $MgCl_2$; 0,5 u DNA-Polymerase; 1:10 verdünnter 10x Reaktionspuffer-Inkomplett. Hier wurde beispielsweise ein Temperaturgradient von 15 °C (48–63 °C) eingesetzt, welcher sich von Spalte 1 bis 12 erstreckt

Napf	Komponente	1	2	3	4	5	6	7	8	9	10	11	12
A	MgCl2 (mM)	1,0	1,0	1,0	1,0	1,0	1,0	1,0	1,0	1,0	1,0	1,0	1,0
B	MgCl2 (mM)	2,0	2,0	2,0	2,0	2,0	2,0	2,0	2,0	2,0	2,0	2,0	2,0
C	Matrize (ng)	1,0	1,0	1,0	1,0	1,0	1,0	1,0	1,0	1,0	1,0	1,0	1,0
D	Matrize (ng)	10	10	10	10	10	10	10	10	10	10	10	10
E	Oligonucleotide (pmol)	50	50	50	50	50	50	50	50	50	50	50	50
F	Oligonucleotide (pmol)	100	100	100	100	100	100	100	100	100	100	100	100
G	Polymerase (u)	0,5	0,5	0,5	0,5	0,5	0,5	0,5	0,5	0,5	0,5	0,5	0,5
H	Polymerase (u)	1,0	1,0	1,0	1,0	1,0	1,0	1,0	1,0	1,0	1,0	1,0	1,0
	Temperatur-Gradient	48 °C											63 °C

20.5.2 Pufferoptimierung mit Gradienten-PCR

Eine kombinierte Optimierung hinsichtlich Pufferkomponenten und Annealing-Temperatur kann durch die Verwendung eines Gradienten-Thermocycler sowie einer 48 bzw. 96 Napf Mikrotiterplatte erreicht werden (○ Tab. 20.4). Hierbei werden in den Spuren A–H unterschiedliche Konzentrationen der einzelnen PCR-Komponenten eingesetzt, wobei ein Temperaturgradient in den Näpfen 1–12 angelegt wird. Auf diese Weise kann ausgeschlossen werden, dass eine ineffiziente PCR durch eine falsche Annealing-Temperatur verursacht wurde.

▪ **Durchführung**
▪▪ **Pipettierschema für 50 µl Endvolumen**
Die oben dargestellte Variation der einzelnen Komponenten kann nach folgendem Schema pipettiert werden (○ Tab. 20.5).

▪ **Materialien**
— 96er Mikrotiterplatte oder 6 × 8well Strips (Peqlab GmbH)
— 10x Reaktionspuffer-Inkomplett (z. B. 200 mM Tris-HCl (pH 8,55), 160 mM $(NH_4)_2SO_4$)
— H_2O bidest.
— $MgCl_2$ (25 mM)
— Matrize (1 ng/µl)
— 5′-Oligonucleotid (50 pmol/µl)
— 3′-Oligonucleotid (50 pmol/µl)
— dNTP-Mix (40 mM)
— *Taq*-DNA-Polymerase (1,0 u/µl)

20

◻ **Tab. 20.5** Pipettierschema zur Optimierung der PCR-Komponentenkonzentrationen für eine Gradienten-PCR. Die angegebenen Konzentrationen und Mengen beziehen sich auf ein Reaktionsvolumen von 50 µl. Die DNA-Polymerase sowie alle anderen Komponenten lassen sich mit H_2O bidest. (ddH_2O) kurzfristig (1–2 h) auf die erforderlichen Konzentrationen/ Mengen verdünnen. Zu jedem Ansatz müssen die erforderlichen Volumina des ddH_2O vorgelegt werden

Napf	Komponente	1	2	3	4	5	6	7	8	9	10	11	12
A	MgCl2 (µl)	2,0	2,0	2,0	2,0	2,0	2,0	2,0	2,0	2,0	2,0	2,0	2,0
B	MgCl2 (µl)	4,0	4,0	4,0	4,0	4,0	4,0	4,0	4,0	4,0	4,0	4,0	4,0
C	Matrize (µl)	1,0	1,0	1,0	1,0	1,0	1,0	1,0	1,0	1,0	1,0	1,0	1,0
D	Matrize (µl)	10	10	10	10	10	10	10	10	10	10	10	10
E	Oligonucleotide je (µl)	0,5	0,5	0,5	0,5	0,5	0,5	0,5	0,5	0,5	0,5	0,5	0,5
F	Oligonucleotide je (µl)	1,0	1,0	1,0	1,0	1,0	1,0	1,0	1,0	1,0	1,0	1,0	1,0
G	Polymerase (µl)	0,5	0,5	0,5	0,5	0,5	0,5	0,5	0,5	0,5	0,5	0,5	0,5
H	Polymerase (µl)	1,0	1,0	1,0	1,0	1,0	1,0	1,0	1,0	1,0	1,0	1,0	1,0
	Temperatur-Gradient	48 °C											63 °C

■■ **Pipettierschema für 50 µl Endvolumen**
■■ **PCR Programm**
— 1. Schritt: 5 min/94 °C
— 2. Schritt: 30 sek/94 °C
— 3. Schritt: 30 sek/48–63 °C[5]
— 4. Schritt: 1 min/65–75 °C
— 25 Zyklen: Schritte 2–4
— 5. Schritt: 10 min/65–75 °C
— 6. Schritt: 4 °C/t = ∞

■ **Troubleshooting**
■■ **Allgemeines Troubleshooting**
  (▶ Abschn. 2.5)
Kein Amplifikat erhalten, oder unspezifische Banden:
— Mit einer PCR-Positivkontrolle (100 % funktionierendes PCR-System) überprüfen, ob die DNA-Polymerase sowie alle anderen Pufferkomponenten intakt sind.

— Überprüfen, ob hemmende Substanzen in einer der eingesetzten PCR-Komponenten vorhanden sind. Hierbei kann die PCR-Positivkontrolle (Oligonucleotide und Matrize) direkt in die entsprechenden PCR-Ansätze hinzupipettiert werden. Lässt sich diese Positivkontrolle nicht amplifizieren, dann sollten alle PCR-Komponenten ausgetauscht werden. Gegebenenfalls die Matrize reinigen.

Literatur

Birch DE et al (1996) Simplified hot start PCR. Nature 381(6581):445–446

Chou Q et al (1992) Prevention of pre-PCR mis-priming and primer dimerization improves low-copy-number amplifications. Nucl Acids Res 20(7):1717–1723

Dang C, Jayasena SD (1996) Oligonucleotide inhibitors of Taq DNA polymerase facilitate detection of low copy number targets by PCR. J Mol Biol 264(2):268–278

Don RH et al (1991) "Touchdown" PCR to circumvent spurious priming during gene amplification. Nucl Acids Res 19(14):4008

5 In Abhängigkeit des verwendeten Gradienten-Thermocyclers wir ein Temperaturgradient von 15 °C (48–86 °C) programmiert.

Findley JB (1993) Automated closed-vessel system for in vitro diagnostics based on polymerase chain reaction. Clin Chem 39(9):1927–1933

Horton RM et al (1994) AmpliGrease: "hot start" PCR using petroleum jelly. BioTechniques 16(1):42–43

Kellog DE et al (1994) TaqStart Antibody: "hot start" PCR facilitated by a neutralizing monoclonal antibody directed against Taq DNA polymerase. BioTechniques 16(6):1134–1137

Müller H-J et al (1991) Clone pAT 133 identifies a gene that encodes another human member of a class of growth factor-induced genes with almost identical zinc-finger domains. Proc Natl Acad Sci USA 88(22):10079–10083

Sakar G et al (1990) Formamide can dramatically improve the specificity of PCR. Nucl Acids Res 18f(24):7465

1-Sekunden-PCR

Hans-Joachim Müller, Daniel Ruben Prange

H.-J. Müller, D. R. Prange, *PCR – Polymerase-Kettenreaktion*,
DOI 10.1007/978-3-662-48236-0_21, © Springer-Verlag Berlin Heidelberg 2016

Standardisierte PCR-Applikationen verwenden für das Denaturieren und dem Annealing ca. 30 bis 60 Sekunden. Für die Elongation wird i. d. R. eine Minute pro 1000 bp veranschlagt. Bei einer Durchführung von 25–30 PCR-Zyklen sind bis zu drei Stunden für eine PCR-Amplifikation notwendig. Generell lassen sich die PCR-Zeiten dramatisch verkürzen. Im Falle der „1-Sekunden"-PCR werden für die Denaturierung, dem Annealen sowie der Elongation jeweils nur eine Sekunde des entsprechendes Schrittes programmiert (Briggs et al. 1998). Solch ein PCR-Profil weist praktisch keine Stufen mehr auf, das heißt, dass der Thermocycler ausgehend von der Denaturierungstemperatur bei 95 °C direkt auf die Annealing-Temperatur herunterkühlt und anschließend direkt wieder auf 95 °C hoch heizt. Bei Verwendung von Thermocyclern, die Peltierelemente besitzen, lassen sich somit ca. 30 PCR-Zyklen innerhalb von 60 Minuten effektiv durchführen. Im Falle luftgekühlter PCR-Thermocycler wie z. B. der LightCycler (Roche Diagnostic) oder SmartCycler (Cepheid) kann die für 30 Zyklen erforderliche Zeit auf 20 bis 30 Sekunden reduziert werden.

Die einzige Limitierung dieser sehr kurzen PCR-Zyklen ist durch das PCR-System (PCR-Matrize und Oligonucleotide), der zu erwartenden Fragmentlänge (< 3000 bp) und der eingesetzten DNA-Polymerase gegeben. Unter Einsatz einer sehr hochprozessiven DNA-Polymerase sowie des 1-Sekunden-Protokolls ist es möglich, dass DNA-Fragmente bis zu 3000 bp in hoher Quantität amplifiziert werden (Briggs et al. 1998). Im Allgemeinen kann diese sehr schnelle PCR mit allen DNA-Polymerasen durchgeführt werden, sofern die DNA-Fragmente 1000–1500 bp nicht überschreiten. Allerdings muss beachtet werden, dass sich das 1-Sekunden-Protokoll nicht mit jedem PCR-System ohne weiteres einsetzen lässt. Bei manchen-Systemen mag es erforderlich sein, dass 5- bis 10-Sekunden-Schritte eingehalten werden müssen. Im Prinzip ist aber mit jedem PCR-System eine deutliche Zeitverkürzung möglich, sodass der Thermocycler häufiger am Tag eingesetzt werden kann. Dadurch wird der PCR-Probendurchsatz deutlich erhöht, ohne dass zusätzliche Thermocycler erworben werden müssen.

Der Erfolg der 1-Sekunden-PCR beruht auf zwei Tatsachen: 1. Während der Heiz- und Kühlphasen stehen der thermostabilen DNA-Polymerase genügend Zeit zur Verfügung die angelagerten Oligonucleotide zu verlängern. Beispielsweise lagern sich nach Denaturierung der dsDNA die Oligonucleotide ab dem berechneten Tm-Wert an die einzelsträngige Matrize an, woraufhin die DNA-Polymerase das gebundene 3'-Ende erkennt und mit der Elongation beginnt. Auch bei einer gegenüber der optimalen Enzymaktivitätstemperatur (72–75 °C) geringeren Annealing-Temperatur (48–60 °C), weist die DNA-Polymerase eine deutliche Syntheseaktivität (> 70 %) auf. Hierbei werden ca. 50 Nucleotide pro Sekunde an das Oligonucleotid angefügt. Heutige Peltier-Thermocycler benötigen für die Temperaturerhöhung von 3 °C eine Sekunde, weshalb während des Aufheizens von 50 °C auf 72 °C ungefähr sieben Sekunden vergehen. Innerhalb dieser Zeit wurden die Oligonucleotide bereits um ca. 350 Basen verlängert. Nach dem Erreichen der optimalen Elongationstemperatur heizt der Thermocycler mit unverminderter Geschwindigkeit auf die Denaturierungstemperatur hoch. Die DNA-Polymerasen verlängern die neusynthetisierten DNA-Fragmente so lange weiter, bis sie sich bei zu hohen Temperaturen (> 80 °C) von der DNA lösen. Auch hierbei wurden zehn weitere Sekunden für die Elongation genutzt, sodass die verlängerten Oligonucleotide nach dem ersten PCR-Zyklus eine Gesamtlänge von ca. 500 bp aufweisen.

Der zweite positive Effekt bei der 1-Sekunden-PCR ist die Tatsache, dass nach jedem Denaturierungsschritt die vorher synthetisierten DNA-Fragmente als „Megaprimer" fungieren und neben den eigentlichen Oligonucleotiden ebenfalls an die Matrizen binden. Die DNA-Polymerasen wiederum erkennen die freien 3'-Enden der gebundenen Fragmente und verlängern diese in der oben beschriebenen Weise. so können wiederum ca. 500 bp an die jeweiligen Oligonucleotide angefügt werden.

Damit gewährleistet ist, dass auch nach dem letzten. PCR-Zyklus alle Fragmente vollständig synthetisiert worden sind, muss ein abschließender Extensionsschritt bei 72–75 °C für fünf bis 10 Minuten durchgeführt werden.

Ein weiterer Vorteil der 1-Sekunden-PCR neben der deutlichen Zeitverkürzung ist die Tatsache, dass für unterschiedlich lange DNA-Fragmente (z. B. für 100, 1500 und 3000 bp) nur noch ein PCR-Pro-

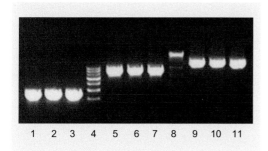

☐ Abb. 21.1 Beispiel einer 1-Sekunden-PCR. Es wurde Lambda-DNA mit einem 1-Sekunden-Protokoll (100 µl Endvolumen) 0,5 u *Taq/Tth*-DNA-Polymerase-Mix, 95 °C/2 min → 30 Zyklen: 95 °C/1 sek → 56 °C/1 sek → 72 °C/1 sec, Extensionsschritt: 72 °C/2 min amplifiziert. Pro Fragmentgröße wurden Triplikate eingesetzt. Es wurden jeweils 5 µl des PCR-Ansatzes gelelektrophoretisch aufgetrennt. Spuren 1-3: 1000 bp; Spur 4 und 8: DNA-Marker; Spuren 5-7: 2000 bp; Spuren: 9-11: 3000 bp

☐ Tab. 21.1 Auswahl geeigneter thermostabiler DNA-Polymerasen für das 1-Sekunden-Protokoll. Die Fragmentlängen sind abhängig von den eingesetzten PCR-Systemen. Bei Verwendung hochreiner DNA (Plasmide, Phagen-DNA) sind große Fragmente möglich, wohingegen bei ungereinigter genomischer DNA Fragmentlängen unter 500 bp wahrscheinlicher sind

DNA-Polymerase	Fragmentlänge	Anbieter
Taq-DNA-Polymerase	1000 bp	diverse
Tth-DNA-Polymerase	2000 bp	Diverse
Taq/Tth-DNA-Polymerase-Mix	3000 bp	selbst

gramm eingesetzt werden muss. Dadurch ist es auch nicht erforderlich, dass aufgrund der üblicherweise unterschiedlichen Elongationszeiten verschiedene Thermocycler parallel zueinander eingesetzt werden müssen.

Die Anzahl der Nucleotide, die während der nichtoptimalen Temperatur angefügt werden, hängt sehr stark von der Prozessivität des eingesetzten Enzyms ab. Es gibt verschiedene thermostabile DNA-Polymerasen, die gegenüber der *Taq*-DNA-Polymerase eine weitaus höhere Aktivität (auch bei nicht optimalen Temperaturen) aufweisen. Eine Auswahl dieser sehr prozessiven DNA-Polymerasen ist in ☐ Tab. 21.1 dargestellt. Der Erfolg einer 1-Sekunden-PCR ist außerdem sehr von der Qualität der eingesetzten Matrize abhängig. Hochreine DNA aus z. B. CsCl-gereinigten Plasmidpräparationen oder protein-freie Phagen-DNA ist für die Amplifikation bis zu 3000 bp sehr gut geeignet (☐ Abb. 21.1). Im Falle ungereinigter genomischer DNA, welche z. B. direkt aus Zellen oder Gewebe für die PCR eingesetzt werden muss, lassen sich nur kleinere (< 500 bp) Amplifikate mit dem 1-Sekunden-Protokoll vervielfältigen. Hierfür muss gegebenenfalls die Zeit auf fünf, zehn oder 15 Sekunden erhöht werden.

In diesem Jahr (2015) haben Farrar und Wittwer ihre Daten über die „Extreme PCR" veröffentlicht, wobei diese eine effiziente sowie spezifische PCR innerhalb von 50–60 Sekunden vorstellen (Farrar und Wittwer 2015).

In dem hier vorgestellten Beispiel wird ein Gemisch aus *Taq*- und *Tth*-DNA-Polymerase (20:1) in einem „1 Sekunden" Protokoll für die Amplifikation einer Lambda-DNA von 1000 bis 3000 bp eingesetzt (Briggs et al. 1998). In ☐ Abb. 21.1 ist ein typisches Resultat unter Einsatz von Triplikaten zu sehen.

■ **Materialien**
- 0,5 ml sterile Reaktionsgefäße
- 10x Reaktionspuffer-Komplett (z. B. 750 mM Tris-HCl (pH 9,0), 200 mM $(NH_4)_2SO_4$, 0,1 % Tween-20, 15 mM $MgCl_2$)
- H_2O bidest.
- Lambda-DNA (10 ng/µl)
- 5′-Oligonucleotid, 1000 bp-Fragment (50 pmol/µl)
- 3′-Oligonucleotid, 1000 bp-Fragment (50 pmol/µl)
- 5′-Oligonucleotid, 2000 bp-Fragment (50 pmol/µl)
- 3′-Oligonucleotid, 2000 bp-Fragment (50 pmol/µl)
- 5′-Oligonucleotid, 3000 bp-Fragment (50 pmol/µl)
- 3′-Oligonucleotid, 3000 bp-Fragment (50 pmol/µl)
- dNTP-Mix (40 mM)
- *Taq/Tth*-DNA-Polymerase-Mix (5 u/µl), vorab 1:10 mit H_2O bidest. verdünnt.

- **Durchführung**

Ansatz 1: 1000 bp Fragment
Ansatz 2: 2000 bp Fragment
Ansatz 3: 3000 bp Fragment

■■   **Pipettierschema für 100 µl Endvolumen**
- 10,0 µl: 10x Reaktionspuffer-Komplett
- xx µl: H_2O bidest.
- 2,0 µl: 5'-Oligonucleotid: jeweils 1000 bp, 2000 bp oder 3000 bp
- 2,0 µl: 3'-Oligonucleotid: jeweils 1000 bp, 2000 bp oder 3000 bp
- 1,0 µl: Lambda-DNA
- 2,0 µl: dNTP-Mix (Endkonzentration 400 µM pro dNTP)
- 0,5 u: *Taq/Tth*-DNA-Polymerase-Mix

■■   **PCR Programm**
- 1. Schritt: 2 min/95 °C
- 2. Schritt: 1 sek/95 °C
- 3. Schritt: 1 sek/50–60 °C[1]
- 4. Schritt: 1 sek/65–75 °C
- 30 Zyklen: Schritte 2–4
- 5. Schritt: 2 min/65–75 °C
- 6. Schritt: 4 °C/t = ∞

- **Troubleshooting**
■■   **Allgemeines Troubleshooting**
     (▶ **Abschn. 2.5**)
Kein Amplifikat erhalten:
- Erhöhen der Zeiten in fünf Sekunden-Schritten.
- Erhöhen der Enzymkonzentration in 0,5 u Schritten.

Literatur

Briggs DA et al (1998) Biospektrum 3:53
Farrar JS, Wittwer CT (2015) Extreme PCR: efficient and specific DNA amplification in 15–60 seconds. Clin Chem 61(1):145–153

---

1   Diese Temperatur ist sehr stark von dem Tm-Wert der eingesetzten Oligonucleotide abhängig! Die einzelnen Tm-Werte der verschiedenen Oligonucleotidpaare sollten bei der gewählten Annealing-Temperatur gleich gut binden.

Long Distance-PCR

Hans-Joachim Müller, Daniel Ruben Prange

Literatur – 113

H.-J. Müller, D. R. Prange, *PCR – Polymerase-Kettenreaktion*,
DOI 10.1007/978-3-662-48236-0_22, © Springer-Verlag Berlin Heidelberg 2016

Seit der Veröffentlichung von Barnes wird die PCR auch für die genomische Analyse sehr großer DNA-Fragmente verwendet (Barnes 1994). Hierfür hat sich der Begriff „Long-Distance"-PCR (LD-PCR) durchgesetzt. Die Kombination einer lesegenauen DNA-Polymerase (z. B. *Pwo*-DNA-Polymerase) mit einem hochprozessiven Enzym (z. B. *Taq*-DNA-Polymerase) erlaubt unter geeigneten Bedingungen eine Synthese von > 40 kb langen DNA-Fragmenten. Es werden verschiedene Kombinationen zwischen hochprozessiven und Proofreading-DNA-Polymerasen von diversen Herstellern angeboten. Auch hier gilt, dass für jedes PCR-System der eine oder andere Polymerase-Mix besser oder schlechter geeignet ist. Für eine effiziente Amplifikation von DNA-Fragmenten bis zu 40 kb sind genau einzuhaltende Parameter des PCR-Protokolls sowie der Pufferkonzentrationen essentiell (Foord und Rose 1994).

Es muss erwähnt werden, dass diese Polymerase-Mixe nicht nur für LD-PCR geeignet sind, sondern ebenfalls für fast alle anderen PCR-Applikationen verwendet werden können. Der Einsatz eines *Taq/Pwo*-DNA-Polymerase-Mixes im „Cycle-Sequencing" hat positive Auswirkungen auf die Auflösung von stabilen Sekundärstrukturen (Schambony et al. 1997). Vorteilhaft an diesen Polymerasenkombinationen ist die Tatsache, dass die PCR-Amplifikate mit ca. dreifach höherer Lesegenauigkeit und höherer Prozessivität gegenüber der *Taq*-DNA-Polymerase vervielfältigt werden (Roche Molecular Biochemicals).

In den folgenden Durchführungen ist der Einsatz eines *Taq/Pwo*-DNA-Polymerase-Mixes bis zu 20 kb und von 20 kb bis 40 kb beschrieben. Es lässt sich selbstverständlich jeder andere DNA-Polymerase-Mix einsetzen, welcher für die Elongation großer DNA-Fragmente geeignet ist. Im Gegensatz zur Amplifikation normaler DNA-Fragmente sollten etwas längere Oligonucleotide (25–35 Basen) eingesetzt werden.

- **Materialien**
  - 0,5 ml sterile Reaktionsgefäße
  - 10x Reaktionspuffer-Komplett < 20 kb (500 mM Tris-HCl (pH 9,1), 150 mM $(NH_4)_2SO_4$, 15 mM $MgCl_2$)

- 10x Reaktionspuffer-Komplett für die Amplifikation von 20 kb bis 40 kb (500 mM Tris-HCl (pH 9,1), 150 mM $(NH_4)_2SO_4$, 22.5 mM $MgCl_2$)
- H_2O bidest.
- DMSO
- Tween-20 (25 %)
- Genomische DNA oder Phagen-DNA (100 ng/µl)
- 5′-Oligonucleotid (50 pmol/µl)
- 3′-Oligonucleotid (50 pmol/µl)
- dNTP-Mix (40 mM)
- *Taq/Pwo*-DNA-Polymerase-Mix (2,5 u/µl)

- **Durchführung: bis zu 20 kb**
- **Pipettierschema für 50 µl Endvolumen**
  - 5,0 µl: 10x Reaktionspuffer-Komplett für die Amplifikation bis 20 kb
  - xx µl: H_2O bidest.
  - 2,0 µl: 5′-Oligonucleotid
  - 2,0 µl: 3′-Oligonucleotid
  - xx µl: Matrize (10–150 ng)
  - 2,0 µl: dNTP-Mix (Endkonzentration 400 µM pro dNTP)
  - 1,0 µl: *Taq/Pwo*-DNA-Polymerase-Mix

- **PCR Programm: bis zu 20 kb**
  - 1. Schritt: 5 min/95 °C
  - 2. Schritt: 30 sek/95 °C
  - 3. Schritt: 30 sek/50–60 °C[1]
  - 4. Schritt: 1–20 min/68 °C
  - 30 Zyklen: Schritte 2–4
  - 5. Schritt: 10–20 min/68 °C
  - 6. Schritt: 4 °C/t = ∞

- **Durchführung: von 20 kb bis zu 40 kb**
- **Pipettierschema für 50 µl Endvolumen**
  - 5,0 µl: 10x Reaktionspuffer-Komplett für die Amplifikation von 20 kb bis 40 kb
  - xx µl: H_2O bidest.
  - 2,0 µl: 5′-Oligonucleotid
  - 2,0 µl: 3′-Oligonucleotid
  - 2,0 µl: Tween-20 (Endkonzentration 1 %)

---

1   Diese Temperatur ist sehr stark von dem Tm-Wert der eingesetzten Oligonucleotide abhängig! Die einzelnen Tm-Werte der verschiedenen Oligonucleotidpaare sollten bei der gewählten Annealing-Temperatur gleich gut binden.

- 1,0 µl: DMSO (Endkonzentration 2 %)
- xx µl: Matrize (10–150 ng)
- 4,0 µl: dNTP-Mix (Endkonzentration 800 µM pro dNTP)
- 1,5 µl: *Taq*/*Pwo*-DNA-Polymerase-Mix

■■ **PCR Programm**
- 1. Schritt: 5 min/95 °C
- 2. Schritt: 30 sek/95 °C
- 3. Schritt: 30 sek/50–60 °C[2]
- 4. Schritt: 20–40 min/68 °C
- 30–40 Zyklen: Schritte 2–4
- 5. Schritt: 20–40 min/68 °C
- 6. Schritt: 4 °C/t = ∞

■ **Troubleshooting**
■■ **Allgemeines Troubleshooting**
   (▶ Abschn. 2.5)
Kein Amplifikat erhalten, oder unspezifische Banden:

- Bei Oligonucleotiden mit Fehlbasenpaarungen („Wobble Primer") ist es essentiell, dass der DNA-Polymerase-Mix erst kurz vor dem PCR-Start hinzupipettiert wird, da die Oligonucleotide anderenfalls degradiert werden.
- Vermeiden, dass der PCR-Ansatz für längere Zeit (> 15 min) z. B. nach den PCR-Zyklen bei RT oder 4 °C gelagert wird.
- Für große DNA-Fragmente (> 20 kb) ist es vorteilhafter, wenn die eingesetzten Oligonucleotide 25 bis 35 Basen lang sind. Dementsprechend kann auch die Annealing-Temperatur erhöht werden.
- Tween-20 und DMSO sollten immer „frisch" hinzupipettiert werden.

Literatur

Barnes WM (1994) PCR amplification of up to 35-kb DNA with high fidelity and high yield from lambda bacteriophage templates. Proc Natl Acad Sci USA 91(6):2216–2220

Foord OB, Rose EA (1994) Long-distance PCR. PCR Methods Appl 3(6):149–161

Schambony A et al (1997) Cycling Sequencing – Neue Methoden durch Enzymmischungen. Biospektrum 6:66

---

2   Diese Temperatur ist sehr stark von dem Tm-Wert der eingesetzten Oligonucleotide abhängig! Die einzelnen Tm-Werte der verschiedenen Oligonucleotidpaare sollten bei der gewählten Annealing-Temperatur gleich gut binden.

Genomtypisierung mit der PCR

Hans-Joachim Müller, Daniel Ruben Prange

H.-J. Müller, D. R. Prange, *PCR – Polymerase-Kettenreaktion,*
DOI 10.1007/978-3-662-48236-0_23, © Springer-Verlag Berlin Heidelberg 2016

Der Nachweis spezifischer Gene in einem Genom lässt sich mit Hilfe der PCR sehr schnell und sicher erbringen. Erforderlich ist dafür, dass die spezifischen Gensequenzen bekannt sind. Es können aber auch Teil- bzw. unbekannte Sequenzen erfolgreich amplifiziert werden. Durch Einsatz der PCR wird eine Genomtypisierung für alle Spezies und die einzelnen Individuen ermöglicht (Hohoff und Brinkmann 1999). Hierbei lassen sich verschiedene PCR-Methoden einsetzen, die in den nachfolgenden Unterkapiteln vorgestellt werden.

Zur Genomtypisierung gehört auch die Charakterisierung bekannter Mutationen. Diese Mutationsanalyse der verschiedenen DNA-Polymorphismen wird zur medizinischen Diagnostik sehr häufig herangezogen. Zwingend erforderlich ist dabei, dass die erhaltenen PCR-Ergebnisse unanfechtbar sind. Im Zweifelsfalle muss die amplifizierte DNA sequenziert werden, damit der Nachweis einer bestimmten Mutation bzw. das Bandenmuster eines spezifischen DNA-Polymorphismus verifiziert werden kann.

23.1 RAPD-PCR

Dieses Nachweisverfahren basiert auf der Verwendung von relativ kurzen Oligonucleotide (ca. 10 Basen) (Abb. 23.1), die zufallsbedingt an polymorphe DNA binden und amplifiziert werden. Aus diesem Grunde wird diese Methode „Random-Amplified-Polymorphic"-DNA (RAPD)-PCR genannt (Newton und Graham 1997). Durch die „willkürliche" Bindung der Oligonucleotide wird die RAPD-PCR auch als „Arbitrarily-Primed" (AP)-PCR bezeichnet. Durchgesetzt hat sich jedoch die erstgenannte Bezeichnung.

Das Prinzip der RAPD-PCR basiert ähnlich wie bei der DOP-PCR (▶ Kap. 18) auf einer geringstringenten Annealing-Temperatur (37–42 °C) während der ersten PCR-Zyklen, worauf die Annealing-Temperatur (> 50 °C) während der weiteren Zyklen erhöht wird, sodass anschließend die in den ersten Zyklen synthetisierten Fragmente amplifiziert werden. Im Gegensatz zur DOP-PCR kann die RAPD-PCR auch mit mittelstringenten Annealing-Temperaturen (42–45 °C) mit gleicher Effektivität durchgeführt werden. Dadurch wird die Reproduzierbarkeit aufgrund der stabilen Reaktionsbedingungen erhöht.

Mithilfe der RAPD-PCR können ‚Fingerprint'-Analysen durchgeführt werden, wobei allerdings diese Technik nicht für Stammbaumuntersuchungen zu empfehlen ist, da mit RAPD-PCR durchgeführte Vaterschaftstest nicht 100 % reproduzierbar

5'-CGGACAAGCTG-3'

a

5'-**CG**G A**CA** A**GC TG**-3'
3'-TAC CTA TAA **GC**T G**GT** C**CG AC**A CCT GTC GAC GAT CTA TTT ATG-5'

5'-CG**G ACA** AG**C TG**-3'
3'-TAC CTA TAA TG**C TGT T**G**G AC**A CCT GTC GAC GAT CTA TTT ATG-5'

5'-**CGG** ACA **AGC TG**-3'
3'-TAC CTA TAA **GCC** GCC **CCG AC**A CCT GTC GAC GAT CTA TTT ATG-5'

b

Abb. 23.1 Einsatz kurzer Oligonucleotide in der RAPD-PCR. **a** Für die RAPD-PCR werden kurze (10–12 Basen) Oligonucleotide synthetisiert. Die Sequenz dieser Oligonucleotide ist freiwählbar, wobei aber darauf zu achten ist, dass der GC-Gehalt ca. 60 % ausmacht, da ansonsten der Tm-Wert zu niedrig sein wird, **b** Diese Oligonucleotide binden unter mittelstringenten Annealing-Temperaturen (42–45 °C) an analoge Sequenzen und werden durch die DNA-Polymerase elongiert (*Pfeil*). Auf diese Weise lassen sich Amplikons zwischen 100 und 4000 bp vervielfältigen (komplementäre Basenpaarungen sind *fett* dargestellt)

waren. Sofern die Ergebnisse nicht absolut unanfechtbar sein müssen (z. B. für das Fingerprinting nicht-humaner Spezies), ist diese PCR-Methode zur Typisierung hervorragend geeignet. Sie wird u. a. zur Bestimmung serovarianter Bakterienstämme (Brousseau et al. 1993), als auch verschiedener Pilze (Loudon et al. 1993; Yates-Siilata et al. 1995) und für diverse Pflanzen (Deragon et al. 1992) herangezogen.

Nach Abschluss der RAPD-PCR zeigt die gelelektrophoretische Auftrennung ein Spezies- und Individuum-spezifisches Bandenmuster, sodass ein direkter Vergleich mit anderen RAPD-Ansätzen möglich ist.

Bei Verwendung von zufallsbedingtbindenden Oligonucleotiden, muss darauf geachtet werden, dass keine $3' \rightarrow 5'$ Exonucleaseaktiven DNA-Polymerasen zum Einsatz kommen.

- **Materialien**
  - 0,5 ml sterile Reaktionsgefäße
  - 10× Reaktionspuffer-Komplett (z. B. 200 mM Tris-HCl (pH 8,55), 160 mM $(NH_4)_2SO_4$, 15 mM $MgCl_2$)
  - H_2O bidest.
  - Matrize (10 ng/µl)
  - RAPD-Oligonucleotid (50 pmol/µl)
  - dNTP-Mix (40 mM)
  - $3'-5'$ Exonuclease-negative-DNA-Polymerase (5 u/µl)

- **Durchführung**
- **Pipettierschema für 50 µl Endvolumen**
  - 5,0 µl: 10× Reaktionspuffer-Komplett
  - xx µl: H_2O bidest.
  - 2,0 µl: RAPD-Oligonucleotid
  - 1,0 µl: Matrize
  - 2,0 µl: dNTP-Mix (Endkonzentration 400 µM pro dNTP)
  - 0,5 u: $3'-5'$ Exonuclease-negative-DNA-Polymerase

- **PCR Programm: Geringstringente Annealing-Temperaturen**
  - 1. Schritt: 5 min/94 °C
  - 2. Schritt: 30 sek/94 °C
  - 3. Schritt: 30 sek/37 °C
  - 4. Schritt: 2 min/72 °C

- 10 Zyklen: Schritte 2–4
  - 5. Schritt: 30 sek/94 °C
  - 6. Schritt: 30 sek/> 48 °C[1]
  - 7. Schritt: 2 min/72 °C
- 30 Zyklen: Schritte 5–7
  - 8. Schritt: 10 min/72 °C
  - 9. Schritt: 4 °C/t = ∞

- **PCR Programm: Mittelstringente *Annealing-Temperaturen***
  - 1. Schritt: 5 min/94 °C
  - 2. Schritt: 30 sek/94 °C
  - 3. Schritt: 30 sek/44 °C
  - 4. Schritt: 2 min/72 °C
- 40 Zyklen: Schritte 2–4
  - 5. Schritt: 10 min/72 °C
  - 6. Schritt: 4 °C/t = ∞

- **Troubleshooting**
- **Allgemeines Troubleshooting (► Abschn. 2.5)**

Kein Amplifikat erhalten:
- Überprüfen, ob die Annealing-Temperatur nicht zu hoch angesetzt wurde. Ggf. diese in 2 °C-Schritten verringern.
- Sicherstellen, dass die eingesetzten DNA-Polymerasen keine $3' \rightarrow 5'$ Exonucleaseaktivität aufweisen.
- Ggf. die Oligonucleotidkonzentration in 10 pmol-Schritten erhöhen.

23.2 HLA-Klasse II Typisierung

Eine sehr effektive Typisierung humaner Genome wird durch eine Charakterisierung der HLA-Gene erreicht. Diese Gene kodieren eine vielfältige Gruppe von Glykoproteinen, welche auf der Zelloberfläche humaner Zellen (HLA: Human Leucocyte Antigen) lokalisiert sind. Diese HLA-Antigene sind an der Regulierung der Immunantwort beteiligt und unterteilen sich in eine α- und β-Kette. Die

---

1 Diese Temperatur ist sehr stark von dem Tm-Wert der eingesetzten RAPD-Oligonucleotide abhängig! Es muss darauf geachtet werden, dass bei der Konstruktion dieser Oligonucleotide das Basenverhältnis auf Seiten des GC-Gehaltes liegt.

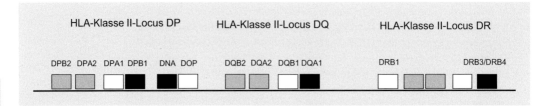

◘ **Abb. 23.2** Schematische Darstellung der HLA-Klasse II-Loci. Die α-Ketten der verschiedenen Loci sind als *schwarze* und die der β-Ketten als *weiße Rechtecke* gekennzeichnet. Die *grauen Rechtecke* repräsentieren nicht-exprimierte Loci in den einzelnen Bereichen. Die Nomenklatur ist entnommen aus: Nomenclature for Factors of the HLA-System (1988) Immunogenetics 23: 391

◘ **Tab. 23.1** Sequenzen der HLA-Klasse II-Locus-DQA1 spezifischen 5'- und 3'-Oligonucleotide

Orientierung zum HLA-DQA1- Genlocus	Name des Oligonucleotides	Sequenz
5'-Oligonucleotid	GH26	5'-GTGCTGCAGGTGTAAACTTGTACCAG-3'
3-Oligonucleotid	GH27	5'-CACGGATCCGGTAGCAGCGGTAGAGTTG-3'

Gene, die diese Ketten kodieren, liegen auf dem humanen Chromosom 6 und sind in verschiedenen Regionen der HLA-Klasse II-Loci (DQ, DP und DR) aufgeteilt (◘ Abb. 23.2). In den HLA-Klasse II-Loci kommen sehr umfangreiche Polymorphismen vor, die sich wiederum zur Charakterisierung bzw. dem Individuum-spezifischen Fingerprinting heranziehen lassen (Bodmer 1984; Kappes und Strominger 1988).

Die Charakterisierung der HLA-Locus-Allele wird zur Identifizierung von Personen bei der Gerichtsmedizin, als Marker bei Vaterschaftstests, zur Abstimmung von Spendern und Empfängern bei Knochenmarktransplantationen und zur Immuntherapie herangezogen. Generell kann ein Nachweis spezifischer Polymorphismen mit verschiedenen Methoden (Dot-Blot-Analysen, Sequenzierungen etc.) durchgeführt werden, aber eine schnelle und ebenso aussagekräftige Methode stellt die PCR dar. Die ARMS-PCR (▶ Abschn. 23.3) eignet sich besonders gut für die Analyse der HLA-Polymorphismen (Fernandezvina et al. 1991; Browning et al. 1993; Lo et al. 1991).

Im nachfolgenden Beispiel wird die Analyse der Diversität des HLA-Klasse II-Locus-DQA1 Allels unter Verwendung der PCR demonstriert. Ausgehend von DQA1 spezifischen Oligonucleotiden (◘ Tab. 23.1), durch welche dieser Locus zu amplifizieren ist, werden verschiedene Polymorphismen in diesem Locus durch entsprechende Oligonucleotide detektiert (◘ Abb. 23.3).

■ **Materialien**
- 0,5 ml sterile Reaktionsgefäße
- 10× Reaktionspuffer-Komplett (z. B. 200 mM Tris-HCl (pH 8,55), 160 mM $(NH_4)_2SO_4$, 15 mM $MgCl_2$)
- H_2O bidest.
- Matrize (10 ng/µl)
- 5'-Oligonucleotid-GH26 (50 pmol/µl)
- 3'-Oligonucleotid-GH27 (50 pmol/µl)
- dNTP-Mix (40 mM)
- *Taq*-DNA-Polymerase (1–5 u/µl)

■ **Durchführung**
■■ **Pipettierschema für 50 µl Endvolumen**
- 5,0 µl: 10× Reaktionspuffer-Komplett
- xx µl: H_2O bidest.
- 1,0 µl: 5'-Oligonucleotid GH26
- 1,0 µl: 3'-Oligonucleotid GH27
- 1,0 µl: Matrize
- 2,0 µl: dNTP-Mix (Endkonzentration 400 µM pro dNTP)
- 0,5 u: *Taq*-DNA-Polymerase

■■ **PCR Programm**
- 1. Schritt: 5 min/94 °C
- 2. Schritt: 30 sek/94 °C

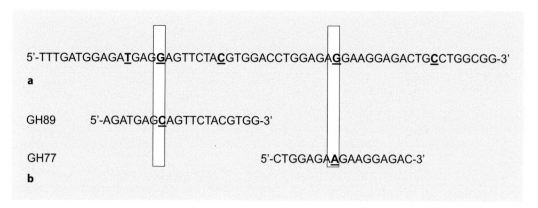

5'-TTTGATGGAGA**T**GAG**G**AGTTCTA**C**GTGGACCTGGAGA**G**GAAGGAGACTG**C**CTGGCGG-3'

a

GH89   5'-AGATGAG**C**AGTTCTACGTGG-3'

GH77   5'-CTGGAGA**A**GAAGGAGAC-3'

b

◻ **Abb. 23.3** Darstellung bekannter Polymorphismen des HLA-Klasse II-Locus-DQA1. **a** Innerhalb des DQA1-Gens treten verschiedene Polymorphismen auf, die durch verschiedene Nucleotide ausgetauscht sein können (*fett* und *unterstrichen*), **b** Polymorphismus-spezifische Oligonucleotide (GH89 und GH77) weisen die entsprechende Punktmutation (*fett* und *unterstrichen*) mittig auf. Diese Oligonucleotide können für Hybridisierungsexperimente und z.B. für anschließende Dot-Blot-Analysen herangezogen werden. Der *graue Balken* dient zum leichteren Auffinden der Polymorphismen

— 3. Schritt: 30 sek/65 °C
— 30 Zyklen: Schritte 2 und 3[2]
— 4. Schritt: 10 min/65–75 °C
— 5. Schritt: 4 °C/t = ∞

23.3   ARMS-PCR

Zur Charakterisierung bekannter Mutationen in verschiedenen Allelen eignet sich die ARMS (Amplification-Refractory-Mutation-System)-PCR sehr gut (Newton et al. 1989). Die ARMS-PCR wird auch als ASP (Allelspezifische)-PCR oder als PASA (PCR-Amplification-spezifischer-Allele) bezeichnet. Sie basiert auf der Amplifikation eines bestimmten DNA-Fragmentes in zwei getrennten PCR-Ansätzen. Für beide Reaktionen werden jeweils Allel-spezifische Oligonucleotide eingesetzt, wobei die Spezifität der Oligonucleotide auf das 3'-Nucleotid beschränkt ist, welches komplementär zum jeweiligen Allel ist (◻ Abb. 23.4).

Die Konstruktion der ARMS-Oligonucleotide setzt verschiedene Bedingungen voraus:
— Die Oligonucleotide sollten ca. 20–30 Nucleotide lang sein, damit eine standardisierte Annealing-Temperatur (60–65 °C) in der PCR eingesetzt werden kann.

— Durch Hinzufügen mehrere Fehlpaarungen am 3'-Ende des Oligonucleotides wird die Spezifität deutlich erhöht (◻ Abb. 23.5). Die Stabilität der Oligonucleotidbindung nimmt durch die destabilisierende Wirkung der 3'-Fehlpaarungen in folgende Richtung ab: CC > CT > GG > = AA = AC > GT.
— Die Sequenz zur Konstruktion der Oligonucleotide muss der genomischen DNA und nicht der cDNA entnommen werden.
— Es sollten als Positiv-Kontrolle Oligonucleotidpaare ebenfalls eingesetzt werden, die innerhalb der ARMS-Oligonucleotide binden.
— Das 3'-Ende des nicht-allelspezifischen Oligonucleotide darf weder zu den Kontroll- noch zu den allespezifischen Oligonucleotiden komplementär sein. Der GC-Gehalt sollte 50 % betragen. Der Abstand zum allelspezifischen Oligonucleotid muss so gewählt werden, dass ein Amplikon geeigneter Länge durch die ARMS-PCR erhalten wird.
— Es sollten keine 3' → 5' Exonucleasenaktiven DNA-Polymerasen eingesetzt werden.

▪ **Materialien**
— 0,5 ml sterile Reaktionsgefäße
— 10 × Reaktionspuffer-Komplett (z. B. 200 mM Tris-HCl (pH 8,55), 160 mM $(NH_4)_2SO_4$, 15 mM $MgCl_2$)
— H_2O bidest.
— Matrize (10 ng/µl)

---

2   Für dieses Oligonucleotidpaar hat sich ein Zweischritt-PCR-Zyklus als sehr vorteilhaft erwiesen.

```
5'-TTTGATGGAGATGAGGAGTTCTACGTGGACCTGGAGAGGAAGGAGACTGCCTGGCGG-3'
3'-AAACTACCTCTACTCCTCAAGATGCACCTGGACCTCTCCTTCCTCTGACGGACCGCC-5'
```

a

```
5'-TTTGATGGAGATGAGAAGTTCTACGTGGACCTGGAGAGGAAGGAGACTGCCTGGCGG-3'
3'-AAACTACCTCTACTCTTCAAGATGCACCTGGACCTCTCCTTCCTCTGACGGACCGCC-5'
```

b

```
5'-TTTGATGGAGATGAGGAGTTCTACGTGGACCTGGAGAGGAAGGAGACTGCCTGGCGG-3'
                                       3'-CCTCTGACGGACCGCC-5'

5'-TTTGATGGAGATGAGG-3'
3'-AAACTACCTCTACTCCTCAAGATGCACCTGGACCTCTCCTTCCTCTGACGGACCGCC-5'
```

c

```
5'-TTTGATGGAGATGAGGAGTTCTACGTGGACCTGGAGAGGAAGGAGACTGCCTGGCGG-3'
                                       3'-CCTCTGACGGACCGCC-5'

5'-TTTGATGGAGATGAGA-3'
3'-AAACTACCTCTACTCCTCAAGATGCACCTGGACCTCTCCTTCCTCTGACGGACCGCC-5'
```

d

```
5'-TTTGATGGAGATGAGGAGTTCTACGTGGACCTGGAGAGGAAGGAGACTGCCTGGCGG-3'
                                       3'-CCTCTGACGGACCGCC-5'

5'-TTTGATGGAGATGAGG-3'
3'-AAACTACCTCTACTCCTCAAGATGCACCTGGACCTCTCCTTCCTCTGACGGACCGCC-5'
```

e

```
5'-TTTGATGGAGATGAGAAGTTCTACGTGGACCTGGAGAGGAAGGAGACTGCCTGGCGG-3'
                                       3'-CCTCTGACGGACCGCC-5'

5'-TTTGATGGAGATGAGA-3'
3'-AAACTACCTCTACTCTTCAAGATGCACCTGGACCTCTCCTTCCTCTGACGGACCGCC-5'
```

f

```
5'-TTTGATGGAGATGAGAAGTTCTACGTGGACCTGGAGAGGAAGGAGACTGCCTGGCGG-3'
                                       3'-CCTCTGACGGACCGCC-5'

5'-TTTGATGGAGATGAGG-3'
3'-AAACTACCTCTACTCTTCAAGATGCACCTGGACCTCTCCTTCCTCTGACGGACCGCC-5'
```

g

```
5'-TTTGATGGAGATGAGAAGTTCTACGTGGACCTGGAGAGGAAGGAGACTGCCTGGCGG-3'
                                       3'-CCTCTGACGGACCGCC-5'

5'-TTTGATGGAGATGAGA-3'
3'-AAACTACCTCTACTCTTCAAGATGCACCTGGACCTCTCCTTCCTCTGACGGACCGCC-5'
```

h

```
5'-TTTGATGGAGATGAGGAGTTCTACGTGGACCTGGAGAGGAAGGAGACTGCCTGGCGG-3'
                                    3'-CCTCTGACGGACCGCC-5'

5'-TTTGATGGAGATGAGG-3'
3'-AAACTACCTCTACTCCTCAAGATGCACCTGGACCTCTCCTTCCTCTGACGGACCGCC-5'
a
5'-TTTGATGGAGATGAGGAGTTCTACGTGGACCTGGAGAGGAAGGAGACTGCCTGGCGG-3'
                                    3'-CCTCTGACGGACCGCC-5'

5'-TTTGATGGAGACGATA-3'
3'-AAACTACCTCTACTCCTCAAGATGCACCTGGACCTCTCCTTCCTCTGACGGACCGCC-5'
b
5'-TTTGATGGAGACGATATGAGGAGTTCTACGTGGACCTGGAGAGGAAGGAGACTGCCT-3'
                                    3'-CCTCTGACGGACCGCC-5'

5'-TTTGATGGAGATGAGG-3'
3'-AAACTACCTCTACTCCTCAAGATGCACCTGGACCTCTCCTTCCTCTGACGGACCGCC-5'
c
5'-TTTGATGGAGACGATATGAGGAGTTCTACGTGGACCTGGAGAGGAAGGAGACTGCCT-3'
                                    3'-CCTCTGACGGACCGCC-5'

5'-TTTGATGGAGACGATA-3'
3'-AAACTACCTCTGCTATACTCCTCAAGATGCACCTGGACCTCTCCTTCCTCTGACGGA-5'
d
```

Abb. 23.5 Konstruktion der ARMS-Oligonucleotide. **a** Das Wildtyp-Oligonucleoitd bindet das unveränderte Allel mit dem endständigen 3'-Nucleotid, sodass eine Elongation stattfindet (*weißer Pfeil*), **b** Oligonucelotide, die z.B. einen Insertions-Polymorphismus des entsprechenden Alles repräsentieren, binden nicht optimal am 3'-Ende (*unterstrichen*) und werden deshalb nicht verlängert (*schwarzes Ungleichzeichen*), **c** Die Wildtyp-spezifischen Oligonucleotide können mit ihrem 3'-Nucleotiden nicht an das mutierte Allel binden, weshalb es zu keiner Elongation kommt (*weißes Ungleichzeichen*), **d** Das mutationsspezifische Oligonucleotid wird im Gegensatz dazu verlängert (*schwarzer Pfeil*)

- Wildtyp-ARMS 5'-Oligonucleotid (50 pmol/µl)
- Wildtyp-ARMS 3'-Oligonucleotid (50 pmol/µl)
- Mutation-ARMS 5'-Oligonucleotid (50 pmol/µl)
- Internes 5'-Oligonucleotid (50 pmol/µl)
- Internes 3'-Oligonucleotid (50 pmol/µl)
- dNTP-Mix (40 mM)
- 3'–5' Exonuclease-negative -DNA-Polymerase (5 u/µl)

Abb. 23.4 Prinzip der ARMS-PCR. **a** Das nichtmutierte Allel eines bestimmten Gens, **b** Aufgetretener Polymorphismus (G → A) in einem mutierten Allel des gleichen Gens. Die Mutation ist *fett* markiert, **c** Die Wildtyp-spezifischen Oligonucleotide (*weißer Pfeil*) binden das nichtmutierte Allel und werden elongiert (*grauer Pfeil*: 3'-Oligonucleotid), **d** Das Mutationsspezifische Oligonucleotid (*schwarzer Pfeil*) wird bei Wildtyp-homozygoten Allelen nicht verlängert (*schwarzes Ungleichzeichen*), **e** und **f** In einem heterozygoten Genom werden sowohl das Wildtyp-Oligonucleotid als auch das Polymorphismus repräsentierende Oligonucleotid verlängert, **g** Bei einem Polymorphismus-homozygoten Genom kann das Wildtyp-Oligonucleotid nicht elongiert werden (*weißes Ungleichzeichen*), **h** wohingegen das mutierte Oligonucleotid verlängert und somit das mutierte Allel amplifiziert wird. Der *graue Balken* dient zum leichteren Auffinden der Polymorphismen

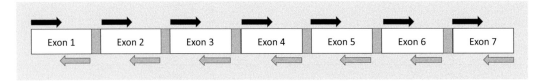

Abb. 23.6 Darstellung eines Gens mit diversen Exons. Jedes Exons ist durch ein Intron *(grauer Balken)* voneinander getrennt. Die einzelnen Oligonucleotidpaare (1–7) bestehend aus einem 5'- und einem 3'-Oligonucleotid repräsentieren jeweils einen spezifischen Exon-Bereich. (1–7). Durch die PCR werden die einzelnen Exons 1–7 amplifiziert

```
5'-GGCCATTGCGTGACCATGCTGAAACTGGGTGCACGGGTGCAT-3'
3'-CCGGTAACGCACTGGTACGACTTTGACCCACGTGCCCACGTA-5'
```
a Wildtyp-Sequenz

```
5'-GGCCATTGCGTGACCATGCTGAACCTGGGTGCACGGGTGCAT-3'
3'-CCGGTAACGCACTGGTACGACTTGGACCCACGTGCCCACGTA-5'
```
b Mutations-Sequenz

```
5'-GGCCATTGCGTGACCATGCTGAAA-3'
```
c 5'-WT-Oligonucleotid

```
5'-GGCCATTGCGTGACCATGCTGAAA-3' ⟹
3'-CCGGTAACGCACTGGTACGACTTTGACCCACGTGCCCACGTA-5'
```
d Annealing-Wildtyp

```
5'-GGCCATTGCGTGACCATGCTGAAA-3' ⇒
3'-CCGGTAACGCACTGGTACGACTTGGACCCACGTGCCCACGTA-5'
```
e Annealing-Mutation

Abb. 23.7 Schematische Darstellung Mutations-nachweisender Multiplex-Oligonucleotide. Ausgehend von der Wildtyp-DNA-Sequenz (a) wurden Oligonucleotide synthetisiert (c), die diese Sequenz 100 % binden und somit durch die DNA-Polymerase verlängert werden (d). Tritt eine Punktmutation auf (b) *(fett und unterstrichen dargestellt)*, so erfolgt am letzten 3'-Nucleotid keine Basenpaarung mit dem Wildtyp-Oligonucleotid, **e** Somit kann dieses Oligonucleotid nicht elongiert werden

■ **Durchführung**

Ansatz 1: Wildtyp-ARMS-5'- und Wildtyp-ARMS 3'-Oligonucleotid
Ansatz 2: Mutation-ARMS-5'- und Wildtyp-ARMS 3'-Oligonucleotid
Ansatz 3: Internes 5'- und Internes 3'-Oligonucleotid

■■ **Pipettierschema für 50 µl Endvolumen**
- 5,0 µl: 10× Reaktionspuffer-Komplett
- xx µl: H_2O bidest.
- 1,0 µl: 5'-Oligonucleotid
- 1,0 µl: 3'-Oligonucleotid
- 2,0 µl: Matrize
- 2,0 µl: dNTP-Mix (Endkonzentration 400 µM pro dNTP)
- 0,5 u: 3'–5' Exonuclease-negative-DNA-Polymerase

■■ **PCR Programm**
- 1. Schritt: 5 min/94 °C
- 2. Schritt: 30 sek/94 °C
- 3. Schritt: 30 sek/> 60 °C[3]
- 4. Schritt: 1 min/72 °C
- 25 Zyklen: Schritte 2–4
- 5. Schritt: 10 min/72 °C
- 6. Schritt: 4 °C/t = ∞

23.4 Multiplex-PCR

Die Multiplex-PCR ist eine sehr schnelle und effektive Methode zum Nachweis von chromosomalen Aberrationen. Mit ihr lassen sich Deletionen, Insertionen oder Punktmutationen innerhalb eines Genoms detektieren (Mathony 1996; Edwards und

---

3 Für alle eingesetzten Oligonucleotide sollten die gleichen Annealing-Temperaturen gelten.

Gibbs 1994). Voraussetzung hierfür ist die Kenntnis der zu amplifizierenden Sequenz. Davon werden Oligonucleotidpaare abgeleitet, die innerhalb der einzelnen Exons binden (■ Abb. 23.6). In einem PCR-Ansatz lassen sich somit mehrere Oligonucleotidpaare vermengen und nach erfolgter PCR und anschließender Gelelektrophorese, können verschiedene spezifische Banden erkannt werden. Die Detektion von Punktmutationen wird i. d. R. durch Oligonucleotide erreicht, die an ihrem letzten 3′-Nucleotid das zum unveränderten Gen komplementäre oder ein nichtkomplementäres Nucleotid aufweisen. Im ersteren Fall werden bei nichtmutierter DNA die entsprechenden Amplifikate erhalten, wohingegen bei einem Gendefekt (eben die Punktmutation) keine Vervielfältigung des spezifischen Exonbereiches nachzuweisen ist (■ Abb. 23.7). Im diagnostischen Einsatz der Multiplex-PCR werden bestimmte Genom-Veränderungen im Vergleich mit unveränderten Patientenproben verglichen (■ Abb. 23.8).

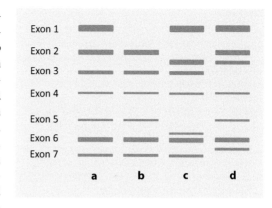

Exon 1
Exon 2
Exon 3
Exon 4
Exon 5
Exon 6
Exon 7

a   b   c   d

■ **Abb. 23.8** Multiplex-PCR mit sieben verschiedenen Oligonucleotidpaaren. Dieses Schema demonstriert die mögliche Bandenverteilung nach einer gelelektrophoretischen Auftrennung unter Verwendung von 7 Oligonucleotidpaaren (Exon 1–7) in einem Multiplex-PCR-Ansatz, **a** Dieses Bandenmuster entspricht dem Wildtyp, **b** Hier ist möglicherweise an Exon 1 eine Punktmutation aufgetreten, **c** Hier sind Deletionen bei den Exons 2 und 5 vorhanden, **d** In den Exons 3 und 7 sind Insertionen aufgetreten

- **Material**
  - 0,5 ml sterile Reaktionsgefäße
  - 10× Reaktionspuffer-Komplett (z. B. 200 mM Tris-HCl (pH 8,55), 160 mM $(NH_4)_2SO_4$, 15 mM $MgCl_2$)
  - H_2O bidest.
  - Genomische DNA (~ 100 ng/µl)
  - 5′-Oligonucleotid (25 pmol/µl) jeweils für Exon 1–10
  - 3′-Oligonucleotid (25 pmol/µl) jeweils für Exon 1–10
  - dNTP-Mix (40 mM)
  - DMSO
  - *Taq*-DNA-Polymerase (5 u/µl)

- **Durchführung**
- ■■ **Pipettierschema für 50 µl Endvolumen**
  - 5,0 µl: 10× Reaktionspuffer-Komplett
  - 38 µl: H_2O bidest.
  - 1,0 µl: 5′-Oligonucleotid jeweils für Exon 1–10
  - 1,0 µl: 3′-Oligonucleotid jeweils für Exon 1–10
  - 2,0 µl: Genomische DNA (Endkonzentration 200 ng)
  - 2,0 µl: dNTP-Mix (Endkonzentration 400 µM pro dNTP)
  - 2,0–5,0 u: *Taq*-DNA-Polymerase

- ■■ **PCR Programm**
  - 1. Schritt: 5 min/95 °C
  - 2. Schritt: 30 sek/95 °C
  - 3. Schritt: 30 sek/50–60 °C[4]
  - 4. Schritt: 1 min/65–75 °C
  - 25 Zyklen: Schritte 2–4
  - 5. Schritt: 10 min/65–75 °C
  - 6. Schritt: 4 °C/t = ∞

---

4   Diese Temperatur ist sehr stark von dem Tm-Wert der eingesetzten Oligonucleotide abhängig! Die einzelnen Tm-Werte der verschiedenen Oligonucleotidpaare sollten bei der gewählten Annealing-Temperatur gleich gut binden.

Literatur

Bodmer WF (1984) The HLA-System. Histocompatibility testing. Springer-Verlag KG, Berlin (Edited by E.D. Albert, M.P. Bauer und W.R. Mayr)

Brousseau R et al (1993) Appl Environ Microbiol 59:114

Browning MJ et al (1993) Proc Natl Acad Sci USA 85:7652

Deragon JM et al (1992) PCR Methods and Applications 1:175

Edwards MC, Gibbs RA (1994) PCR Methods Appl 3:65

Fernandezvina M et al (1991) Human Immunol 30:60

Hohoff C, Brinkmann B (1999) Mol Biotechnol 13:123

Kappes D, Strominger JL (1988) Ann Rev Biochem 57:6012

Loudon KW et al (1993) J Clin Microbiol 31:1117

Lo Y-M et al (1991) Nucl Acids Res 19:3561

Mathony JB (1996) Clin Lab Med 16:61

Newton CR et al (1989) Nucleic Acids Res 17:2503

Newton CR, Graham A (1997) PCR, Second. Aufl. BIOS Scientific Publishers Limited, Oxford.

Yates-Siilata et al (1995) J Clin Microbiol 33:2171

Differential Display PCR

Thomas Röder

H.-J. Müller, D. R. Prange, *PCR – Polymerase-Kettenreaktion*,
DOI 10.1007/978-3-662-48236-0_24, © Springer-Verlag Berlin Heidelberg 2016

Die „Differential-Display" PCR (DD-PCR) ist eine Methode, die im Jahre 1992 von Liang und Pardee eingeführt wurde. Es handelt sich um eine Variante der RT-PCR, da aus einer mRNA PCR-Amplifikate erzeugt werden (Zhang et al. 1998). Im Gegensatz zur konventionellen RT-PCR liegen allerdings keinerlei Informationen über die Amplifikate vor. Mit Hilfe dieser Methode können die Transkriptmuster verschiedener Gewebe miteinander verglichen werden. Der Vergleich ist nicht auf zwei Gewebe beschränkt, wie bei subtraktiven Ansätzen, sondern es können mehrere Gewebe untersucht werden (Roeder 1998).

Die Besonderheiten der DD-PCR machen diese zu einer stochastischen Methode, bei der Expressionsmuster willkürlich gewählter Transkripte miteinander verglichen werden. Die DD-PCR basiert auf der Idee, dass die ca. 10.000–15.000 unterschiedlichen, in einem komplexen Gewebe vorhandenen Transkripte, in kleine, leicht zu analysierende Gruppen aufgeteilt werden. Analysiert werden die Muster mittels konventioneller Sequenziergele. Deshalb wird die Anzahl der sinnvoll zu analysierenden Transkripte auf ca. 100–200 beschränkt.

Eine erste Aufteilung der Transkripte in drei bzw. vier Gruppen erfolgt während der cDNA-Synthese. Es werden Oligo(dT)-Primer eingesetzt, die am 3′-Ende ein Adenin (A), Guanidin (G) oder Cytosin (C) tragen, und somit drei cDNA-Populationen erzeugen. Die cDNA, der entsprechende Oligo(dT)-Primer und ein weiteres Oligonucleotid willkürlicher Sequenz (Arbitrary Primer), werden für die nachfolgende PCR eingesetzt (◐ Abb. 24.1) (McClelland et al. 1995). Diese PCR erfolgt, zumindest in dem ersten Zyklus, unter Bedingungen niedriger Stringenz (bei Annealing-Temperaturen von 38–42 °C). Dies führt dazu, dass lediglich 5–6 Nucleotide im 3′-Bereich des Oligonucleotids an der Bindung beteiligt sind (unter diesen Bedingungen bindet das Oligonucleotid durchschnittlich alle 4^5–4^6 Basen an die DNA, also alle 1000–4000 Basen).

In den ursprünglichen Protokollen wurden sehr kurze Oligonucleotide mit einer Länge von lediglich 10–12 Nucleotiden eingesetzt, um diese niedrige Stringenz zu erreichen. Da dies bedeutet, dass die gleichen Bedingungen während der ganzen PCR andauern, hat es leider zur Folge, dass PCR-Artefakte

gehäuft auftreten. Hierdurch wird wiederum die Reproduzierbarkeit der Methode eingeschränkt. Der Einsatz längerer Oligonucleotide hat dieses Manko weitestgehend aufgehoben, sodass reproduzierbare Ergebnisse mit modifizierten Protokollen zu erreichen sind.

Die Analyse der Experimente verlangt, dass sich die ergebenden Bandenmuster zweier, oder mehrerer Proben miteinander vergleichen lassen. Jede einzelne Bande repräsentiert eine mRNA-Population, wobei diejenigen Banden, die lediglich in einer Probe vorhanden sind, demzufolge mRNA-Populationen repräsentieren, die lediglich in eben diesem Gewebe vorkommen, da nur durch diese Variante der RT-PCR das entsprechende Amplifikat amplifiziert werden konnte.

Es gibt unterschiedliche Varianten der DD-PCR, die sich primär in der Art und Weise der Markierung der Amplifikate unterscheiden. Im Allgemeinen werden die Oligo(dT)-Primer markiert, wodurch Unregelmäßigkeiten in der Länge der Amplifikate ausgeschlossen werden (Einbau markierter Nucleotide während der PCR).

Die Analyse der Produkte erfolgt analog zum Sequenzieren von DNA. Die Proben werden mittels eines denaturierenden (oder auch nicht-denaturierenden) Sequenziergels getrennt und anschließend analysiert. Die Art und Weise der Analyse der DNA bestimmt die nachgeschaltete Visualisierung. Drei Arten der Markierung werden verwendet:
1. Radioaktive Markierung (kinasierte Oligo(dT)-Primer), 2. Biotin-markierte Oligo(dT)-Primer und 3. Fluoreszens-markierte Oligo(dT)-Primer. Im Gegensatz zur DNA-Sequenzierung ist die DD-PCR nicht rein analytisch, sondern erfordert präparative Arbeitsschritte. Nachdem ein differentiell erscheinendes Amplikon identifiziert wurde, muss dieses wiederum amplifiziert werden, was voraussetzt, dass es physisch verfügbar ist. Die radioaktive Markierung war die gebräuchliche Art der Markierung, brachte jedoch das Problem des sogenannten „Mismatch" (Fehlpaarung) mit sich. Um die gewünschte DNA-Bande auszuschneiden, muss das Autoradiogramm mit dem getrockneten Gel verglichen werden. Das führt oft zu Fehlern. Alternativ kann die Biotin-Markierung eingesetzt werden, die sehr einfach durchzuführen ist und die DNA direkt auf der Membran markiert. Fluoreszens-Markierungen erlauben die

OligodTA-Biotin	5´-ACT CTA TGA <u>GAA TTC</u> GAT GAG CGA TCT G (T)$_{25}$A-3´
OligodTG-Biotin	5´-ACT CTA TGA <u>GAA TTC</u> GAT GAG CGA TCT G (T)$_{25}$G-3´
OligodTC-Biotin	5´-ACT CTA TGA <u>GAA TTC</u> GAT GAG CGA TCT G (T)$_{25}$C-3´
OligodT-Master	5´-ACT CTA TGA <u>GAA TTC</u> GAT GAG CGA TCT G-3´
BamAP 1	5´-GAG ACG GAT CTG CTG C<u>GG ATC C</u>*AT GAC TTG A*-3´
BamAP 2	5´-GAG ACG GAT CTG CTG C<u>GG ATC C</u>*GA ACG TAC A*-3´
BamAP 3	5´-GAG ACG GAT CTG CTG C<u>GG ATC C</u>*AA CTA CGT T*-3´
BamAP 4	5´-GAG ACG GAT CTG CTG C<u>GG ATC C</u>*TA GCT AAG T*-3´
BamAP 5	5´-GAG ACG GAT CTG CTG C<u>GG ATC C</u>*AT GAC TTG A*-3´
BamAP Master	5´-GAG ACG GAT CTG CTG C<u>GG ATC C</u>-3´

◘ **Abb. 24.1** Oligonucleotide, die für die Differential-Display-PCR eingesetzt werden können. Es handelt sich um exemplarische Beispiele für die Oligonucleotide, die eine erfolgreiche Differential-Display-PCR ermöglichen. Die Oligo(dT)-Primer enthalten die gewünschte Markierung (z. B. Biotin) zur weiteren Reinigung der erhaltenen PCR-Produkte an ihrem 5'-Ende (hier durch die Streptavidin-gekoppelten Polystyrene-Partikel). Des Weiteren verfügen die Oligo(dT)-Primer über eine *Eco*RI Erkennungssequenz (*unterstrichen*), wohingegen die willkürlichen Oligonucleotide (AP = Arbitrary-Primer) eine *Bam*HI Erkennungssequenz (*unterstrichen*) beinhalten. Alle BamAP-Primer haben das gleiche 5'-Ende und unterscheiden sich lediglich in den 8–9 Basen des 3'-Endes (*kursiv*). Die Master-Primer werden zum reamplifizieren aller Amplikons eingesetzt

Bewältigung eines sehr hohen Probenaufkommens (Verwendung automatischer Sequenziergeräte), was allerdings auch mit einem nicht unerheblichen apparativen Aufwand, insbesondere in den präparativen Schritten der DD-PCR verbunden ist.

Einige Punkte sind zu berücksichtigen um eine erfolgreiche DD-PCR Analyse zu ermöglichen:

- Zu vergleichende Gewebe sollen in gleicher Güte und Quantität eingesetzt werden.
- Jede Probe sollte in zwei unabhängigen Ansätzen analysiert werden. Das vermindert PCR-bedingte Fehler.
- Ein Nachweissystem (Northern-Blotting oder Ähnliches) sollte etabliert sein, damit differentielle Transkription mit einer alternativen Methode verifiziert werden kann.
- Es muss vor Beginn der Experimente überlegt werden, was erreicht werden soll. Die Analyse kompletter Transkriptome erfordert einen sehr hohen experimentellen Aufwand.

24.1 Festphasen cDNA-Synthese

Die cDNA-Synthese erfolgt an Avidin- oder Streptavidin-gekoppelten Polystyrene-Partikeln, an die biotinylierte Oligonucleotide gebunden werden. Die Partikel sollten einen Durchmesser < 1 µm haben,

um zu gewährleisten, dass sie während der Synthese in Lösung bleiben.

Damit eine cDNA-Synthese direkt an den Partikeln durchgeführt werden kann, erfolgt die Kopplung des Oligo(dT)-Primers unter den folgenden Bedingungen. Es ist darauf zu achten, dass ausschließlich sterilisierte Reaktionsgefäße und Lösungen (mit Ausnahme der Partikel) verwendet werden.

24.1.1 Kopplung der Oligonucleotide an die Polystyrene-Partikel

- **Material**
- 0,5 ml oder 1,5 ml sterile Reaktionsgefäße
- H$_2$O bidest.
- TE-Puffer, autoklaviert (10 mM Tris-HCl (pH 7,5), 5 mM EDTA)
- Avidin- oder Streptavidin-gekoppelte Polystyrene-Partikel (Kisker-Biotech; 0,7–0,9 µm, 5,0 % w/v)*
- 2X Biotin-Bindungspuffer (BBP) (10 mM Tris-HCl (pH 7,5), 1 mM EDTA, 2 M NaCl)
- Biotinylierte Oligonucleotide (10 pmol/µl)
- Biotinylierte Oligo(dT)-Primers (10 pmol/µl)

*1 mg der Partikel entsprechen einem Volumen von 20 µl Suspension. In 10 µl Suspension sind 100 pmol

Avidin-Partikel vorhanden. Deren Bindungskapazität beträgt 400 pmol Biotin.

- **Durchführung**

Die Partikel werden zweimal in TE-Puffer gewaschen (1 min für 14.000 upm in der Microfuge), um kontaminierende Bestandteile der Lösung zu entfernen.

Um die biotinylierte DNA an die Partikel zu koppeln, werden diese in 50 µl 2X Biotin-Bindungspuffer (BBP) aufgenommen.

Die errechnete Menge biotinylierter DNA (z. B. das biotinylierte Oligonucleotid) hinzugegeben und mit H_2O bidest. auf 100 µl auffüllen. Im Falle von Oligonukleotiden sollte eine Menge, die der zweifachen Biotin-Bindungskapazität der Partikel entspricht, eingesetzt werden.

Dieser Ansatz wird für 15 (im Falle der Oligonucleotide) oder bis 60 min (Genomische DNA) bei 42 °C inkubiert.

24.1.2 Isolierung der polyA-RNA

Um die mRNA aus der RNA zu isolieren, ist es notwendig, die polyA-RNA mit den gekoppelten Partikeln zu hybridisieren. Dabei ist sehr wichtig, dass für die DD-PCR Experimente immer die gleichen RNA-Mengen eingesetzt werden.

- **Materialien**
- 0,5 ml oder 1,5 ml sterile Reaktionsgefäße
- H_2O bidest.
- RNA-Matrize (1 ng –1 µg)
- Oligonucleotid-gekoppelte Polystyrene-Partikel (50 mg/ml)
- TE-Puffer, autoklaviert (10 mM Tris-HCl (pH 7,5), 5 mM EDTA)
- 2x mRNA-Bindungspuffer (20 mM Tris-HCl (pH 7,5), 2 mM EDTA, 1 M LiCl)
- 2x mRNA-Waschpuffer (10 mM Tris-HCl (pH 7,5), 1 mM EDTA, 0,15 M LiCl)
- cDNA-Waschpuffer (50 mM Tris-HCl (pH 8,3), 75 mM KCl)

- **Durchführung**
- Die jeweilige RNA-Menge wird in A. bidest gelöst und bei 65 °C denaturiert.

- Parallel werden die Partikel, an denen sich die biotinylierten Oligonucleotide befinden, mit sterilem TE-Puffer zweimal gewaschen (1 min für 14.000 upm in der Microfuge) und anschließend in der errechneten Menge 2x mRNA-Bindungspuffer aufgenommen.
- Die Partikel werden anschließend aliquotiert und die jeweilige Menge RNA hinzugegeben.
- Die einzelnen Lösungen mit sterilem Wasser so auffüllen, dass der mRNA-Bindungspuffer in einer Konzentration von 1x vorliegt.
- Ansätze für 15 min bei 37 °C inkubieren.
- Anschließend werden die Partikel zentrifugiert und zweimal mit mRNA-Waschpuffer sowie darauffolgend einmal mit cDNA-Waschpuffer gewaschen. Dieser Vorgang sollte in der Kälte erfolgen (Puffer auf Eis), damit verhindert wird, dass sich mRNA von den Partikeln während dieses Waschvorgangs löst.

24.1.3 cDNA-Synthese

Direkt an diese mRNA-Isolierung schließt sich die cDNA-Synthese an, ohne vorher die mRNA von den Partikeln entfernt zu haben. Die mRNA-bindenden Polystyrene-Partikel aus dem Vorversuch werden sedimentiert und mit einer cDNA-Synthese-Lösung wieder resuspendiert.

- **Materialien**
- 0,5 ml oder 1,5 ml sterile Reaktionsgefäße
- 5x cDNA-Synthesepuffer (250 mM Tris-HCl (pH 8,3 → bei 42 °C), 30 mM $MgCl_2$)
- H_2O bidest.
- TE-Puffer, autoklaviert (10 mM Tris-HCl (pH 7,5), 5 mM EDTA)
- mRNA-bindende Polystyrene-Partikel (50 mg/ml)
- dNTP-Mix (40 mM)
- DTT (0,1 M)
- BSA (10 mg/ml)
- *MMLV*-Reverse-Transkriptase, $RNaseH^-$ (200 u/µl)
- RNAsin (30 u/µl) (Promega)

- **Durchführung**
- Die sedimentierten mRNA-bindenden Polystyrene-Partikel werden mit den 20 µl der cDNA-Synthese-Lösung resuspendiert.
- Inkubation für 45 min bei 42 °C.
- Anschließend werden die Partikel zweimal in TE-Puffer gewaschen und abschließend in einem Volumen von 50 µl des TE-Puffers im Kühlschrank gelagert (nicht einfrieren). In diesem Zustand kann die cDNA für mehrere Wochen belassen und für die weiteren Analysen eingesetzt werden.

■■ **Pipettierschema für 20 µl Endvolumen**
- 7,0 µl: 5x cDNA-Synthesepuffer
- 7,8 µl: H_2O bidest.
- 2,0 µl: DTT
- 0,2 µl: BSA
- 2,0 µl: dNTP-Mix (Endkonzentration 400 µM pro dNTP)
- 0,75 µl: Reverse-Transkriptase
- 0,25 u: RNAsin

24.2 Durchführung der Differential-Display-PCR

Etwa 1–3 µl der immobilisierten cDNA werden für die DD-PCR eingesetzt. Die entnommene Partikel-Menge muss vorab einmal mit dem verdünnten (1x) PCR-Reaktionspuffer gewaschen werden.

- **Materialien**
- 0,5 ml sterile Reaktionsgefäße
- 10x Reaktionspuffer-Komplett (500 mM Tris-HCl (pH 9,1), 150 mM $(NH_4)_2SO_4$, 15 mM $MgCl_2$)
- H_2O bidest.
- immobilisierte cDNA
- 5′- DD-Oligo(dT)-Oligonucleotid (10 pmol/µl)
- 3′-BamAP-Oligonucleotid (10 pmol/µl)
- dNTP-Mix (40 mM)
- *Taq/Pwo*-DNA-Polymerase-Mix (2,5 u/µl)

- **Durchführung**
- ■■ **Pipettierschema für 50 µl Endvolumen**
- 5,0 µl: 10x Reaktionspuffer-Komplett
- xx µl: H_2O bidest.
- 2,0 µl: 5′- DD-Oligo(dT)-Oligonucleotid
- 2,0 µl: 3′- BamAP-Oligonucleotid
- 1,0–3,0 µl: immobilisierte cDNA
- 2,0 µl: dNTP-Mix (Endkonzentration 400 µM pro dNTP)
- 0,2 u: *Taq/Pwo*-DNA-Polymerase-Mix (vorab mit A. bidest. verdünnen)

Die PCR wird für einen Zyklus unter folgenden Bedingungen durchgeführt (94 °C/1 min → 38–42 °C/2 min → 72 °C/2 min), um die niedrige Stringenz auf den ersten Zyklus zu beschränken. Damit sichergestellt ist, dass es zu keiner Verschiebung im Transkriptmuster kommt, muss die PCR-Reaktion in der exponentiellen Phase beendet werden.

■■ **PCR Programm**
- 1. Schritt: 1 min/94 °C
- 2. Schritt: 1 min/42 °C
- 3. Schritt: 2 min/72 °C
- 4. Schritt: 30 sek/94 °C
- 5. Schritt: 30 sek/58 °C
- 6. Schritt: 1,5 min/68 °C
- 25 Zyklen: Schritte 4–6
- 7. Schritt: 10 min/65–75 °C
- 8. Schritt: 4 °C/t = ∞

24.3 Analyse der erhaltenen DD-PCR-Amplifikate

Nach Beendigung der PCR wird die amplifizierte DNA präzipitiert, damit diese in gereinigter Form auf das Gel aufgetragen werden kann. Das Protokoll kann bis zu diesem Zeitpunkt mit jeder Form der Markierung durchgeführt werden (radioaktiv, biotinyliert, Fluoreszens-markiert).

- **Materialien**
- 1,5 ml sterile Reaktionsgefäße
- H_2O bidest.
- Amplikon aus PCR-Ansatz
- Na-Acetat (3 M) (pH 4,8 mit Essigsäure eingestellt)
- Ethanol, abs.
- Ethanol (70 %)

- Stopp-Puffer (95 % deionisiertes Formamid, 0,05 % Bromphenolblau, 0,05 % Xylene Cyanol, 5 mM EDTA)

- **Durchführung**
- Die Reaktion wird auf ein Volumen von 100 µl mit A. bidest. aufgefüllt.
- Dazu werden 10 µl einer 3 M NaAcetat-Lösung und 250 µl Ethanol, abs. hinzupipettiert, gut durchmischt und 10 min bei RT zentrifugiert.
- Der Überstand wird entfernt, das Pellet einmal mit 70 %igem Ethanol gewaschen, kurz luftgetrocknet und in 5–10 µl Stopp-Puffer aufgenommen
- Vor dem Auftragen auf das Sequenziergel werden die Proben 10 min bei 75 °C inkubiert.

Die DNA-Proben werden auf ein denaturierendes Sequenziergel aufgetragen und getrennt. Im Falle radioaktiver Markierung wird das Gel getrocknet und exponiert. Bereiche des Gels, die differentielle Banden erhalten, werden ausgeschnitten und mit den entsprechenden Oligonucleotiden reamplifiziert, kloniert (► Kap. 4) und weitergehend analysiert. Im Falle biotinylierter DNA muss selbige vor der weitergehenden Analyse auf eine Nylonmembran transferiert werden.

24.4 Blotting-Analyse

- **Materialien**
- 0,5 ml sterile Reaktionsgefäße
- 20x SSC (3 M NaCl, 0,3 M Tri-NaCitrat (pH 7,0))
- H$_2$O bidest.
- Whatmann-Filterpapiere
- Nylonmembran (Pall Biodyne A)
- Avidin-alkalische-Phosphatase (Avidin-AP)-Konjugat (Konzentration siehe Herstellerangaben)
- 10x TBS (500 mM Tris-HCl (pH 7,5), 1,0 M NaCl)
- Block-Lösung: (1X TBS + 0,5 % SDS + 0,5 %)
- Reaktionspuffer (50 mM Tris/HCl pH 9,5, 0,1 M NaCl)
- Naphtol-AS-Phosphat (Sigma-Aldrich)
- Fast-Violett-B-Salt (Sigma-Aldrich)

- **Durchführung**
- Das Gel wird auf eine Nylonmembran transferiert. Um das zu erreichen wird ein entsprechendes Membranstück auf die Geloberfläche gelegt (die Glasplatten wurden vorher voneinander getrennt).
- Das Gel, das an der Membran haftet wird vorsichtig von der zweiten Glasplatte abgezogen und auf einen Stapel entsprechend zugeschnittener Whatmann-Filterpapiere gelegt (3–4 Stück), die vorab in 10x SSC getränkt wurden.
- Auf die Membran werden anschließend 3–4 Lagen trockenes Filterpapier gelegt, der ganze Aufbau mit einer Glasplatte beschwert und ca. 1 h inkubiert.
- Nach dem vollendeten Transfer wird das Gel von der Membran entfernt und die Membran 2–3 h bei 80 °C gebacken, um die DNA zu immobilisieren. Der Blot kann in diesem Zustand gelagert werden.
- Der Nachweis der biotinylierten DNA erfolgt mit Hilfe eines Avidin-alkalische-Phosphatase (Avidin-AP)-Konjugates. Die Membran wird 10 min in 1x TBS gewaschen.
- An die Inkubation schließt sich die Blockierung mit der Block-Lösung an, die für etwa 1 h erfolgt. Das Avidin-AP-Konjugat (1:1000 in Block-Lösung verdünnt) wird ebenfalls ca. 1 h inkubiert.
- Um überschüssige Konjugate zu entfernen, wird die Membran viermal 5 min in 1x TBS gewaschen.
- Daran anschließend einmal in Reaktionspuffer gewaschen, bevor die Färbung erfolgt (wenige Minuten bis zu mehreren Stunden, mit Naphtol-AS-Phosphat und Fast-Violett-B-Salt) 25 mg Fast-Violett-B-Salt werden in 50 ml Reaktionspuffer gelöst, 25 mg des Naphtol-AS-Phosphats in 1 ml DMSO. Beide Lösungen werden miteinander vermengt und filtriert. Das Filtrat kann zur Färbung eingesetzt werden.
- Differentielle Amplikons können direkt aus der Membran ausgeschnitten, reamplifiziert und kloniert werden.

Nach diesem Kapillarblot wird die DNA immobilisiert (2 h Inkubation bei 80 °C im Trockenschrank) und die DNA mit Hilfe Avidin-gekoppelter-alkalischer-Phosphatase kolorimetrisch nachgewiesen. Differentielle Amplikons können direkt aus der Membran ausgeschnitten werden und stehen einer weiteren Analyse zu Verfügung.

- **Troubleshooting**
- ■■ **Allgemeines Troubleshooting**
  (▶ Abschn. 2.5)

Kein Amplifikat erhalten:

- Falls keine Banden auf einem Gel zu sehen sind, kann das unterschiedliche Gründe haben. Ob die nötige DNA-Menge in der DD-PCR Reaktion erzeugt wurde, kann mit Hilfe einer konventionellen DNA-Elektrophorese überprüft werden.
- Es sollte bei einer Ethidiumbromid-Färbung ein gut sichtbarer „Bandenschmier" entstehen (das sollte für jede Probe vor der DD-PCR-Analyse vorab verifiziert werden). Das Nachweissystem (Avidin-alkalische-Phosphatase-Färbung) kann mit Hilfe von Dot-Blots (Biotin-markierte DNA) validiert werden.
- Das Auftreten „verschmierter" Banden liegt in vielen Fällen an dem DNA-Lauf (eventuell neuer Probenpuffer, bzw. Kontrolle der Laufbedingungen, ausreichende Temperatur während des Gellaufs gewährleisten).
- Ein starker Hintergrund liegt oft an ungenügendem Waschen, bzw. nicht ausreichendem Blockieren (neue Blockierlösung ansetzen).

Literatur

Liang P, Pardee AB (1992) Differential display of eukaryotic messenger RNA by means of the polymerase chain reaction. Science 257(5072):967–971

McClelland M et al (1995) Trends Genet 11:242

Roeder T (1998) RNA fingerprinting and differential display using arbitrarily primed PCR. Nucleic Acids Res 26(6):3451–3456

Zhang JS et al (1998) Differential display of mRNA. Mol Biotechnol 10(2):155–165

Emulsions-PCR (BEAMing)

Hans-Joachim Müller, Daniel Ruben Prange

H.-J. Müller, D.R. Prange, *PCR – Polymerase-Kettenreaktion*,
DOI 10.1007/978-3-662-48236-0_25, © Springer-Verlag Berlin Heidelberg 2016

„BEAMing" (Beads, Emulsionen, Amplifikation und Magneten) dient der genauen und zuverlässigen Detektion von bereits bekannten Mutationen in einem zu untersuchenden Gen. Diese Methode ermöglicht eine parallele Untersuchung einer sehr großen Menge an Amplikons, welche sich teilweise in nur einer einzigen Base unterscheiden. Diese Tatsache macht BEAMing besonders für diagnostische und therapeutische Zwecke interessant, wird aber in etwas abgewandelter Form auch für moderne Sequenzierungsmethoden verwendet (siehe ▶ Abschn. 26.1) (Diehl et al. 2006). So wird während des Behandlungsverlaufs von Krebspatienten mittels BEAMing die Wirkung des therapeutischen Ansatzes evaluiert, um die Tumorentwicklung verfolgen zu können. Dazu muss dem Patienten Blut entnommen werden, welches zirkulierende Tumor-DNA enthält. Es kann nicht nur die Qualität, sondern auch die Quantität der noch vorhandenen Tumor-DNA evaluiert werden. Aufgrund der hohen Spezifität für ein Allel, können durch BEAMing sehr seltene Mutationen in einer sehr großen Population von Wildtyp-Allelen identifiziert werden (Diehl et al. 2008; Taniguchi et al. 2011).

Die Genauigkeit von BEAMing beruht zum Einen auf der Prä-Amplifikation des zu untersuchenden Allels durch eine konventionelle PCR, welche durch eine spezielle Polymerase mit sehr niedriger Fehlerquote durchgeführt wird. Zum Anderen werden in einer zweiten PCR diese Gen-Fragmente räumlich isoliert voneinander vervielfältigt. Diese sogenannte Emulsions-PCR (emPCR) findet in Mikroreaktoren in einem Gemisch aus Öl und Wasser statt, worin neben magnetischem Beads (Streptavidin gekoppelt) und DNA-Fragmenten alle erforderlichen PCR Komponenten enthalten sind (◘ Abb. 25.1). Um sicherzugehen, dass pro Bead nur ein Fragment bindet werden die Beads im Überschuss eingesetzt. Dies führt zu einer stochastischen Verteilung von einem DNA-Fragment pro Bead. Die anschließende Hybridisierung mit sehr spezifischen Primern ermöglicht eine extrem sensitive und rauscharme Detektion der zu untersuchenden Mutation mittels Durchflusszytometrie (Diehl et al. 2008; Dressman et al. 2003).

Zur vollständigen Detektion einer Mutation werden 6 verschiedene Primer benötigt: Primer 1 und 2 werden für die Prä-Amplifikation der Ziel-DNA verwendet und tragen jeweils eine bekannte Adapter-Sequenz („Tag" 1 und 2) an ihrem 5'-Ende. Diese Sequenzen dienen den nachfolgend eingesetzten Primern zur Bindung an die DNA Fragmente. Primer 3 ist am 5'-Ende doppelt biotinyliert und kann dadurch stabil an die Streptavidin gekoppelten Beads binden und ist komplementär zur Marker-Sequenz 1. Zusätzlich besitzt er einen 18 Polyethylenglykol „Spacer". Primer 4 und 5 sind jeweils komplementär zu Tag 1 und Tag 2 und dienen zur exponentiellen Amplifikation der DNA im Öltropfen. Primer 6 ist ein sequenzspezifischer Primer, welcher nach erfolgter emPCR mit den amplifizierten DNA Fragmenten hybridisiert und somit mutierte Basenabfolgen sichtbar machen kann. Durch die Kopplung an einen Fluoreszenzfarbstoff an seinem 5'-Ende kann Primer 6 später mit dem Durchflusszytometer detektiert werden (Diehl et al. 2006).

- **Material**
- 0,1 M NaOH
- 1,5 ml Reaktionsgefäße
- 10x PCR Puffer: 670 mM Tris-HCl (pH 8.8), 166 mM $(NH_4)_2SO_4$, 100 mM β-Mercaptoethanol, 11,7 mM $MgCl_2$
- 5x Hybridisierungspuffer: 75 mM Tris-HCl (pH 9.5), 33,5 mM $MgCl_2$, 25 % Formamid
- 96-Well PCR-Platte
- 96-Well Storage Plate
- ABIL WE 09
- Bindungspuffer: 5 mM Tris-HCl (pH 7.5), 0,5 mM EDTA, 1 M NaCl
- dH_2O
- dNTP Mix (je Base 10 μM)
- Magnetscheider
- Mineralöl
- Phusion hot-start high-fidelity DNA Polymerase (2 u/μl) (Life Technologies)
- Platinum *Taq* Polymerase (5 u/μl) (Life Technologies)
- Rostfreie Stahlbeads (5 mm)
- Streptavidin gekoppelte Magnet-Beads (10 mg/ml bei ~ 10E10 Beads/ml)
- TE Puffer: 10 mM Tris-HCl (pH 7.5), 1 mM EDTA
- Tegosoft DEC

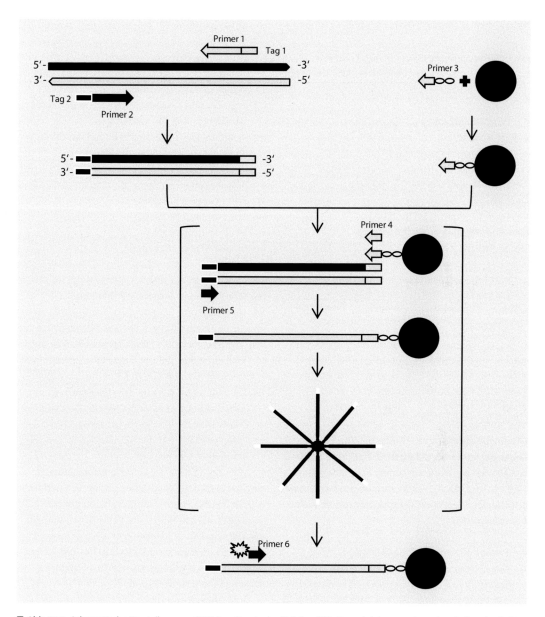

Abb. 25.1 Schematische Darstellung von BEAMing. Durch eine Prä-Amplifikation wird der zu untersuchende Genabschnitt sowohl am 5'- als auch am 3'-Ende mit Adaptern (Tag 1 und 2) markiert. Die amplifizierten Genabschnitte werden dann in einer Emulsions-PCR über Tag 1 und Primer 3 an Beads gebunden und an diesen amplifiziert. Diese PCR-Reaktion findet aufgrund der Wasser/Öl Emulsion räumlich getrennt voneinander statt. So wird nur ein einziges Fragment je Öltropfen amplifiziert und am Ende der Reaktion sind bis zu 10.000 identische Amplifikate in diesem Öltropfen an das magnetische Bead gebunden. Anschließend wird die Wasser/Öl Emulsion aufgebrochen und die Beads werden gesammelt. Durch die Hybridisierung mit Wildtyp- und Mutations-spezifischen Primern (Primer 6) wird die Sequenz auf eine potentielle Mutation mittels Fluoreszenzsignal im Durchflusszytometer analysiert

- TK Puffer: 20 mM Tris-HCl (pH 8.4), 50 mM KCl
- Unterbrechungspuffer: 10 mM Tris-HCl (pH 7.5), 1 % Triton-X 100, 1 % SDS, 100 mM NaCl, 1 mM EDTA

- **Prä-Amplifikation**
1. PCR-Ansatz:
- 1 µl: Primer 1 (10 µM)
- 1 µl: Primer 2 (10 µM)
- 15 µl: Template DNA (in Wasser)
- 1 µl: dNTP Mix
- 10 µl: 5x *Phusion* HF Puffer
- 0,5 µl: *Phusion* DNA Polymerase
- 21,5 µl: dH$_2$O

- **PCR Programm wie folgt aufsetzen**

Zyklus Nummer	Denatu- rierung	Anlage- rung	Elongation
1	1 min/ 98 °C		
2–4	10 s/98 °C	10 s/70 °C	10 s/72 °C
5–7	10 s/98 °C	10 s/67 °C	10 s/72 °C
8–10	10 s/98 °C	10 s/64 °C	10 s/72 °C
11–40	10 s/98 °C	10 s/61 °C	10 s/72 °C

Die Ausbeute eines ca. 120 bp großen Fragments sollte bei ca. 15 ng/µl liegen. Zu geringe Ausbeuten führen zu einer erhöhten Primerkonzentration im Amplifikat, welche mit den Primern in der anschließenden emPCR konkurrieren und diese beeinflussen.

- **Primer Bindung an Beads binden**
- 100 µl Streptavidin gekoppelte, magnetische Beads 2x in 1,5 ml Reaktionsgefäß mit 100 µl TK Puffer waschen. Nach jedem Waschschritt Reaktionsgefäß für 1 min auf Magnetscheider stellen, damit der Überstand mit der Pipette abgenommen werden kann.
- Beads in 100 µl Bindungspuffer resuspendieren und 10 µl Primer 3 hinzufügen (100 µM, in TE Puffer). Sofort vortexen.
- Ansatz für 30 min bei 18–25 °C inkubieren. Alle 10 min Ansatz kurz vortexen.
- Überstand wie in Schritt 1 beschrieben entfernen. Beads 3x mit TK Puffer wie in Schritt 1 beschrieben waschen.

- Beads in 100 µl TK Puffer resuspendieren.

- **Emulsions-PCR**
- Öl-Phase wie folgt ansetzen: 7 % (w/v) ABIL WE09, 20 % (v/v) Mineralöl und 73 % (v/v) Tegosoft DEC. Ansatz kurz vortexen und für 30 min bei 18–25 °C inkubieren.
- Template DNA mit TE Puffer auf ca. 20 pM, direkt vor Gebrauch verdünnen.

- **PCR-Ansatz:**
- 3 µl: Primer 4 (2,5 µM)
- 3 µl: Primer 5 (400 µM)
- 10 µl: Template DNA
- 6 µl: Beads (aus Schritt 5)
- 3 µl: dNTP Mix
- 15 µl: 10x PCR Puffer
- 9 µl: Platinum *Taq* DNA-Polymerase
- 101 µl: dH$_2$O
- Nacheinander werden ein Stahl Bead, 600 µl der Öl-Phase (Schritt 1) und 150 µl PCR-Mix in ein Well einer 96-Well „Storage Plate" gegeben und anschließend mit einem Klebefilm versiegelt.
- Die Homogenisierung des Ansatzes wird mit dem TissueLyser Mixer (Qiagen) durchgeführt. Die Storage Plate wird zwischen die Adapter Platten gespannt und in den TissueLyser platziert. Es wird einmal für 10 s bei 10 Hz und einmal für 7 s bei 17 Hz homogenisiert.
- Platte aus dem TissueLyser entnehmen und für 10 s bei ca. 3 x g zentrifugieren, um gesamte Flüssigkeit auf den Boden des Wells zu bekommen.
- Die Qualität des Homogenisats kann mit einem invertierten Mikroskop bei 400-facher Vergrößerung bewertet werden. Dazu wird eine Pipettenspitze in die Emulsion getaucht und über den Boden einer Zellkultur Platte (z. B. 48-Well) gestrichen (keine Deckgläschen verwenden, da diese die Qualität der Emulsion beeinträchtigen könnten). Die Beads sollten in ca. 3–9 µm großen Tröpfchen eingeschlossen sein. Es sollten weniger als 20 % der Tröpfchen mehr als ein Bead enthalten.
- Jeweils 80 µl der Emulsion in 8 Wells einer 96-Well PCR-Platte aliquotieren und für 10 s bei ca. 3 x g zentrifugieren.

- **PCR-Programm wie folgt aufsetzen**

Zyklus Nummer	Denaturierung	Anlagerung	Elongation
1	2 min/ 94 °C		
2–4	15 s/98 °C	45 s/64 °C	75 s/72 °C
5–7	15 s/98 °C	45 s/61 °C	75 s/72 °C
8–10	15 s/98 °C	45 s/58 °C	75 s/72 °C
11–40	15 s/98 °C	45 s/57 °C	75 s/72 °C

- **Aufbrechen der Emulsion**
- Zum Aufbrechen der Öl-Tropfen 150 µl Unterbrechungspuffer hinzufügen und durch dreimaliges Auf- und Abpipettieren mischen.
- PCR-Platte mit Klebefilm versiegeln, in eine leere 96-Well Storage Plate platzieren und mit zwei TissueLyser Adapter Platten in TissueLyser (Qiagen) positionieren. Für 30 s bei 20 Hz mixen.
- Platte für 2 min bei 3200 x g zentrifugieren.
- Oberste Öl-Phase vorsichtig mit Vakuum über eine 20 µl Pipettenspitze abnehmen.
- Erneut 150 µl Unterbrechungspuffer hinzufügen und für 2 min bei 3200 x g zentrifugieren.
- Gesamte Platte für 1 min auf Magnetscheider inkubieren und anschließend vorsichtig gesamte Flüssigkeit mit einer Pipette entfernen.
- Platte vom Magneten entfernen und die zurückgebliebenen Beads in 100 µl TK Puffer resuspendieren und alle Beads aus den acht Wells zusammen in einem 1,5 ml Reaktionsgefäß vereinen.
- Reaktionsgefäß für 1 min in Magnetscheider platzieren und den Überstand mit einer Pipette vorsichtig entfernen.
- Beads in 500 µl 0,5 M NaOH resuspendieren und für 2 min inkubieren. Reaktionsgefäß für 1 min erneut in Magnetscheider platzieren. Überstand entfernen.
- Beads in 100 µl TK Puffer resuspendieren.

- **Detektion mittels Primer Hybridisierung**
- Hybridisierungsansatz wie folgt in 96-Well PCR-Platte ansetzen:
    - 10 µl: Primer 6 (1 µM)
    - 20 µl: DNA gekoppelte Beads
    - 20 µl: 5x Hybridisierungspuffer

- 50 µl: dH_2O
- Ansatz für 15 min bei 50 °C inkubieren.
- Platte in Magnetscheider für 1 min platzieren und anschließend 80 µl des Überstandes entfernen.
- Beads zweimal mit 80 µl TK Puffer waschen.
- Die Beads können nun mittels Durchflusszytometrie analysiert werden.

- **Troubleshooting**
Zu geringe Ausbeute in der Prä-Amplifikation

- ■ **Allgemeines Troubleshooting (▶ Abschn. 2.5)**
Falsche Größe der Emulsionströpfchen:
- Falls die Emulsionströpfchen des Homogenisats zu klein oder groß sind, sollte die Dauer bzw. die Stärke des Homogenisierungsschrittes angepasst werden.

Beads aggregieren nach emPCR:
- Die Wahrscheinlichkeit einer Aggregation der Beads kann durch die Erhöhung des Salz-Anteils im Puffer eingeschränkt werden. Außerdem sollten die Beads nicht länger als 2 min auf dem Magneten stehen bleiben. Auch Auf- und abpipettieren oder Vortexen kann die Aggregate evtl. lösen.

Geringe Bead-Ausbeute nach emPCR:
- Eine geringe Ausbeute an Beads nach durchgeführter emPCR kann durch eine Erhöhung der Zeit und der Stärke des Mixens angepasst werden. Außerdem sollte beim Entfernen des Überstands darauf geachtet werden, dass das Bead Pellet nicht berührt wird. Gegebenenfalls etwas Flüssigkeit zurücklassen.

Literatur

Diehl F et al (2006) BEAMing: single-molecule PCR on microparticles in water-in-oil emulsions. Nature Methods 3(7):551–559

Diehl F et al (2008) Analysis of mutations in DNA isolated from plasma and stool of colorectal cancer patients. Gastroenterology 135(2):489–498

Dressman D et al (2003) Transforming single DNA molecules into fluorescent magnetic particles for detection and enumeration of genetic variations. PNAS 100(15):8817–8822

25

PCR-basierte Sequenzierung

Hans-Joachim Müller, Daniel Ruben Prange

H.-J. Müller, D.R. Prange, *PCR – Polymerase-Kettenreaktion*,
DOI 10.1007/978-3-662-48236-0_26, © Springer-Verlag Berlin Heidelberg 2016

Die bekannteste Sequenzierungs-Methode ist die nach Sanger et al., welche im Jahr 1977 vorgestellt wurde (Sanger et al. 1977). Die Methode wurde im Laufe der letzten Jahrzehnte mehr und mehr an die Erfordernisse einer schnellen und zuverlässigen Sequenzierungstechnik angepasst. Neben der Sanger-Methode wurde auch die Maxam-Gilbert-Sequenzierungsmethode erfolgreich eingesetzt, wobei bereits 1990 diese Technik in Kombination mit der PCR ihre erste Erwähnung fand (Stamm und Longo 1990).

Ab Mitte der 90er war erst langsam und dann immer schneller ein neuer Begriff in aller Munde: „Next-Generation-Sequencing" (NGS)! Jeder versierte Molekularbiologe nickte wissend, aber nur wenige wussten genau, was dahinter steckt. Van Dijk und Kollegen haben eine übersichtliche Zusammenfassung der NGS-Methoden 10 Jahre nach Vorstellung der NGS-Technologie publiziert (van Dijk et al. 2014). Ein weiteres Review mit Bezug auf die Anwendung forensischer Fragestellungen ist bei Yang und Kollegen nachzulesen (Yang et al. 2014).

Heutzutage wird sich wohl kaum noch jemand mit einer manuellen Sequenzierung mit Sequenzier-Trenngelen nach Sanger oder Maxam-Gilbert abquälen, da entweder das Institut ein eigenes NGS-System zur Verfügung hat, oder die Sequenzierung durch ein Auftragsunternehmen kostengünstig und schnell durchgeführt wird.

Die einschlägigen Firmen entwickelten in den letzten 15 Jahren immer komplexere und schnellere Instrumente, die letztendlich eine Sequenzierung des gesamten humanen Genoms in „Rekord-Zeit" ermöglichte. Diese Systeme werden regelmäßig an die neuen Erfordernisse angepasst, weshalb eine detaillierte Beschreibung der vollautomatischen Systeme in einem PCR-Handbuch nicht sehr sinnvoll ist.

Wir stellen beispielsweise zwei der gängigen NGS-Systeme in folgenden Unterkapiteln vor und verweisen in der praktischen Ausführung auf die jeweiligen Herstellerangaben bzw. Handbücher.

26.1   Illumina Sequenzierung

Die Sequenzierungsmethode Solexa von Illumina basiert auf einer Variante der PCR. Bei dieser Festphasen-PCR werden zufällig fragmentierte DNA-Stücke an eine Oberfläche, die sogenannte „Flow Cell" gekoppelt. An diese Flow Cell sind etliche Oligonucleotide gebunden, welche komplementär zu den zuvor an die DNA-Fragmente ligierten Adaptersequenzen sind. Die Adaptersequenzen dienen auch als Bindungsstelle für die Sequenzierungsprimer nach durchgeführter PCR. Binden die Fragmente über ihre Adapter komplementär an die Oligonucleotide, dienen diese in einer anschließenden Festphasen PCR als Primer für die Generierung eines Doppelstranges. Dieser Doppelstrang wird denaturiert und der an die Flow Cell gebundene Einzelstrang mit einem weiteren komplementären Oligonucleotid hybridisiert. Dieses dient im nächsten Zyklus als Primer und es wird ein neuer Doppelstrang gebildet. Da dieser Schritt schematisch an eine Brücke erinnert, wird diese Variante der PCR „Bridge"-Amplifikation genannt (◘ Abb. 26.1).

Die Sequenzierung erfolgt über den Nachweis eines freigesetzten Fluoreszenzsignals nach Einbau einer komplementären Base. Als Primer dienen dabei die zuvor ligierten Adapter. Jede der vier Basen ist mit einem anders fluoreszierenden Farbstoff markiert, sodass je nach Farbe die eingebaute Base zugeordnet werden kann. Jeder Einzelstrang eines Clusters gibt dabei das gleiche Fluoreszenzsignal ab, da alle Stränge identisch sind. Sowohl die „forward" als auch die „reverse" Stränge werden nacheinander sequenziert. Für die Sequenzierung werden dNTPs verwendet, welche zusätzlich mit einem 3′-Terminator versehen sind. Dieser Terminator blockiert das 3′-Ende der Base und führt somit zu einer komplementären Bindung von nur einer Base pro Zyklus. Erst nachdem ein Foto des Fluoreszenzsignals aufgenommen wurde, werden der Farbstoff und der 3′-Terminator abgespalten und die nächste Base kann komplementär eingebaut werden (◘ Abb. 26.2). Die Länge des zu sequenzierenden DNA-Fragments bestimmt dabei die Anzahl an Sequenzierungszyklen (Quail et al. 2012; van Dijk et al. 2014).

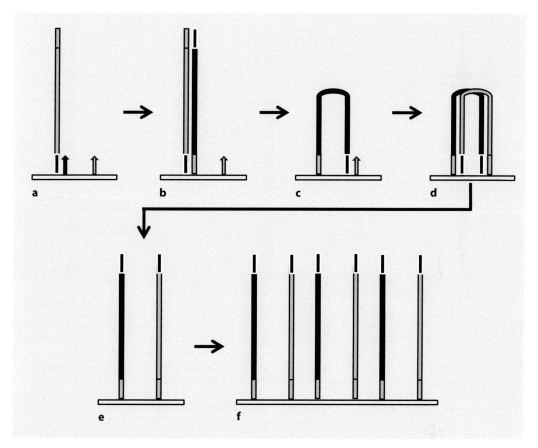

Abb. 26.1 *Bridge*-Amplifikation auf einer *Flow Cell*. **a** Die Matrizenstränge werden über die *Flow Cell* geflutet und binden über die Adaptersequenz zufällig an ein Oligonucleotid auf der Oberfläche. **b** Die Polymerase elongiert das Oligonucleotid und synthetisiert einen Doppelstrang. **c** Der Doppelstrang wird denaturiert und der ursprüngliche Matrizenstrang wird weggewaschen. Der neusynthetisierte Strang hybridisiert an ein komplementäres Oligonucleotid. **d** Das komplementäre Oligonucleotid dient wieder als Primer für einen weiteren Amplifikationsschritt. **e** Der gebildete Doppelstrang wird erneut denaturiert, wodurch zwei Einzelstränge generiert werden. **f** Die Wiederholung dieser Schritte führt zu der Bildung von Clustern, bestehend aus einer Vielzahl identischer *forward* und *reverse* Einzelstränge

26.2 Ion Torrent Sequenzierung

Diese „Second-Generation" Sequenzierungsmethode von Life Technologies basiert auf der bereits vorgestellten emPCR (▶ Kap. 25). Im Anschluss an die emPCR werden die Beads in spezielle Platten pipettiert. Die Wells auf dieser Platte sind genau so groß, dass gerade ein Bead in jedes Well passt. Die Sequenzierung der Bead-gebundenen Fragmente findet dadurch räumlich voneinander getrennt statt. Nach durchgeführter emPCR trägt jedes Bead eine tausendfache Vielzahl eines einzigen DNA-Fragments.

Das Sequenzierungsprinzip dieser Methode beruht auf der Detektion von freigesetzten Wasserstoffionen (H^+) bei dem komplementären Einbau von dNTPs. Die freigesetzten H^+-Ionen führen zu einer Herabsetzung des pH-Wertes in der umgebenden Flüssigkeit im Well. Diese pH-Wert Änderung wird durch einen Sensor auf dem Boden des Wells detektiert und von einer Software analysiert. Die vier verschiedenen Basen werden sequentiell über die Wells gegeben. Die Veränderung des pH-Wertes innerhalb eines Zyklus weist auf den Einbau der gerade hinzugegebenen Base hin (■ Abb. 26.3). Je mehr gleiche Basen innerhalb eines Zyklus durch

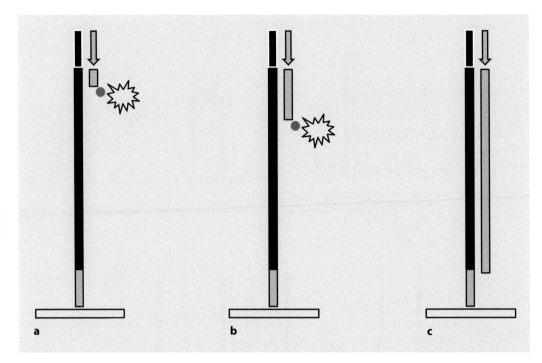

◘ **Abb. 26.2** Illumina Sequenzierungsmethode. **a** Die Bindung eines Sequenzierungsprimers ermöglicht es der Polymerase komplementäre Nucleotide einzubauen, was durch ein Fluoreszenzsignal detektiert wird. **b** Nachdem für jedes Cluster die eingebaute Base über eine Kamera identifiziert wurde, werden der Fluoreszenzfarbstoff und der 3'-Terminator abgespalten und eine neue Base kann inkorporiert werden. **c** Dieser Zyklus wird solange wiederholt bis das gesamte Fragment sequenziert ist

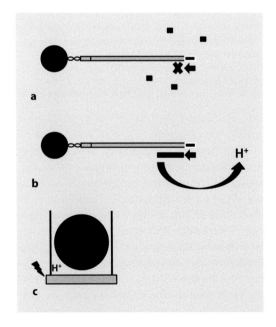

◘ **Abb. 26.3** Ion-Torrent Sequenzierungsmethode. **a** Die vier Basen werden sequentiell über die Wells gegeben. Solange keine komplementäre Base eingebaut wird, kann auch kein H$^+$-Ion freigesetzt werden. **b** Sobald die komplementäre Base hinzugegeben wird, kann diese inkorporiert werden und ein H$^+$-Ion wird freigesetzt. **c** Dieses Ion wird von einem Sensor am Boden des Wells detektiert

die Polymerase eingebaut werden, desto stärker ist die Herabsetzung des pH-Wertes und damit auch das detektierte Signal (Rothberg et al. 2011).

Der Vorteil dieser Ionen-basierten Sequenzierung gegenüber einer optischen Sequenzierung durch Fluoreszenzfarbstoffe liegt in einer höheren Sequenzierungsgeschwindigkeit. Denn durch die nötige Abspaltung des Fluoreszenzfarbstoffes wie z. B. bei Illumina, dauert ein Sequenzierungszyklus deutlich länger (van Dijk et al. 2014).

Literatur

Quail MA et al (2012) A tale of three next generation sequencing platforms: comparison of Ion Torrent, Pacific Biosciences and Illumina MiSeq sequencers. BMC Genomics 13:341

Rothberg JM et al (2011) An integrated semiconductor device enabling non-optical genome sequencing. Nature 475(7356):348–352

Sanger F et al (1977) DNA sequencing with chain-terminating inhibitors. PNAS 74(12):5463–5467

Stamm S, Longo FM (1990) Direct sequencing of PCR products using the Maxam-Gilbert method. Genet Anal Tech Appl 7(5):142–143

Taniguchi K, Uchida J, Nishino K et al (2011) Quantitative detection of EGFR mutations in circulating tumor DNA derived from lung adenocarcinomas. Clin Cancer Res 17(24):7808–7815

Van Dijk EL et al (2014) Ten years of next-generation sequencing technology. Trends in Genetics 30(9):418–426

Yang Y et al (2014) GenProt Bioinform 12:190

Serviceteil

H.-J. Müller, D.R. Prange, *PCR – Polymerase-Kettenreaktion,*
DOI 10.1007/978-3-662-48236-0, © Springer-Verlag Berlin Heidelberg 2016

Stichwortverzeichnis